馬克先生的鸚鵡教室

Teaching You How to Train a Parrot by Mr. Mark

馬克先生 / 著
羅小酸 / 繪

前言：動物訓練師？這是什麼奇怪的工作？

獻給也想要成為動物訓練師的後進們（嗯哼～你確定？）。

如果你有機會在相關行業工作，你就會有機會照顧很多很多，很多很多，很多很多很多的幼鳥。我最痛苦的經驗是一次要餵十幾隻正在學飛的金太陽幼鳥，右手拿餵食器，左手固定一隻鳥，身上再掛著十幾隻飛來飛去，討奶喝的小屁孩，我彷彿在演《陰屍路》。

我發現，只要不是照著普羅大眾的常規，成為一個普通上班族的人，就很容易被歸類在「追逐夢想的人」的範圍裡，就連我去演講的時候，明明主題是要講工作犬，但有些校方就會希望我撥一點點時間，對學生們講些關於追逐夢想等生涯規劃的主題。但老實說，我真的不覺得我是在追逐夢想，我只是在做我擅長的事情罷了。小時候我就對自然科學相當有興趣，尤其對恐龍、或是動物議題的內容，既然喜歡，當然也會想試著養寵物囉！但我的家庭環境完全無法支持我這小小的願望，因為我有一位相當潔癖的母親，在家母的大力阻撓之下，我屈服了，只能買寵物飼養的書，幻想著自己未來可以養狗、養貓、養鸚鵡……。為了要讓自己未來能夠成為一個稱職的好主人，所以也讀了不少訓練狗狗行為的書，然而怎麼都沒有想到，小時候讀的這些書，有一天居然會成為自己當上動物訓練師後很重要的養分（家母也應該意想不到，壓抑兒子的欲望，居然鞭策我成為動物訓練師）。

這本書是從「馬克先生的鸚鵡教室」臉書專頁的訊息當中，集結下來大家常遇到的問題，雖然訊息中超過一半以上的問題都會讓我倒吸一

口涼氣，大嘆：「蛤~這個也拿來問哦！」還要配上一個直衝腦門的大白眼，但也是因為有這些看似不重要，但其實很惱人的小問題，讓各位飼養鸚鵡的善男信女們苦不堪言，而我也才有機會發揮所學之本領，將這些小煩惱匯集成這本訓練入門小書，提供給大家參考。書中有些片段在 YouTube 上都有影片，但為了收視率，我有刻意精簡影片內容以及時間長短，因此在這本書中就會有更詳盡的說明，各位可以將書與影片搭配觀看，更能幫助理解與實作。

最後在此感謝各位瓜粉們這麼多年來的信賴與支持，以及容許我超級不定時出片依然不離不棄，希望這本書可以解答你飼養鸚鵡的各種煩惱。

茂太郎：

鸚鵡訓練界的小小明燈，帥氣的臉龐，被號稱是訓練界張孝全，但真相是長得像蔡昌憲（摔滑鼠）。

黑　瓜：

茂太郎飼養的黑頭凱克鸚鵡，當年是賣剩下最後一隻沒人要的爛貨，如今是比茂太郎還紅的臭跩明星。

羞　灰：

是一隻不太愛動金口的非洲灰鸚鵡，有點玻璃心，想作怪但又怕人生氣的小俗辣，是茂太郎訓練的得意門生。

逼　沙：

白色拉不拉多犬，看起來乖巧可愛其實是個小俗辣，大絕招是望向人類然後眼睛會噴出無辜星星，驅使人類就範。

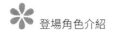

目錄

前言：動物訓練師？這是什麼奇怪的工作？……vi
登場角色介紹……ix

第1堂課
鳥奴看過來！你的訓練方法對了嗎？……001
嘿！你知道什麼是動物訓練嗎？……002
世上沒有訓練不來的鳥，方法對了就順了！……006
訓練邏輯建立起來！……009
訓練邏輯步驟拆解——工作分析法……017

第2堂課
養鳥人生沒這麼簡單！……033
其實你可以不用養鸚鵡……034
欸嘿～但我就是偏偏任性選鸚鵡……036

目錄

第③堂課

鳥寶壞壞怎麼辦？……045

偏差行為與生活管理……046

別急著對鸚鵡怒吼！……058

第④堂課

你應該知道的超強育鸚術！……061

食

挑對食材，鳥寶可以吃得更健康……062

鳥寶的美食饗宴——轉換食物訓練法……066

衣

什麼？咬毛了！（非疾病造成）……076

鳥寶咬毛怎麼辦？……081

壓力紋跟壓力有關嗎？……087

飛行衣與如廁訓練……090

住

量身打造的舒適鳥宅……096
鳥寶也要洗澎澎……099
剪羽？還是不剪羽？……105
剪趾甲沒這麼恐怖，來挑選個適合的站棍吧！……108
需要準備繁殖箱嗎？……112

行

食物控制可不等於餓肚子……115
提升人鳥關係——上手訓練……119
喔~不！鳥寶又咬人了！……132
其實鳥寶只是想跟你玩——非攻擊性咬人……135
哎唷喂~好可怕！減敏訓練讓鳥寶不再怕怕……140
好想摸摸鳥寶！該怎麼做？……147
後記……153

第1堂課

鳥奴看過來！你的訓練方法對了嗎？

嘿！你知道什麼是動物訓練嗎？

從打開書的那個moment，這本書就在告訴你，我們要怎麼讓鸚鵡感覺到自己「得到好處」。

動物訓練的概念其實一點都不難，就是要讓你訓練的動物可以瞭解你想要牠做什麼，而且還可以開心的做那件事，我甚至看過在海邊訓練河豚遊戲技倆的影片，真的很神奇。包含訓練人類也是如此，例如某天你感冒不舒服，這時你男友可能腦袋一時短路，主動為你煮了碗泡麵，縱使味道就是一碗普通的泡麵，況且泡麵是能難吃到哪裡去？但這時候，請你拿出金馬獎影后的實力，表現出彷彿是吃到米其林餐廳的level讚許這碗泡麵！下次你要是懶得出門買消夜，動個金口就有東西可以吃了，而且你男友還會煮得很開心。

要叫男友做事不難呀，只要開口跟他講就好了，但要叫動物做事就會有問題啊！因為人類習慣使用語言，相反地，動物之間沒有語言，因此動物訓練師就需要有敏銳的觀察力以及行為引導能力，來幫助我們與動物溝通。

有一回看了一篇瓜粉的來信，抱怨他的鸚鵡會攻擊他，而當我看完他拍攝與鸚鵡互動的影片，我告訴他：「你的鸚鵡很乖，只是你沒有辦法讓牠聽話，因為你沒有告訴牠去找你的『好處』！」好處的定義很廣，是這個人有我想要的東西呢？還是我要發自內心喜歡這個人？我們人類跟老闆的關係應該就是前者吧！我們努力工作，努力說謊吹捧老闆（好，我開玩笑的），雖然在工作當中會有某種程度上的成就感，但最終不就是為了換取每個月老闆發出來的薪水嗎？誰會發自內心喜歡老闆，想跟他每天膩在一起啊（寫完這段我好像會得罪很多人，各位做老闆的不要對號入座啊～）；但後者很不一樣，發自內心喜歡一個人是很親密的，像朋友、像家人的關係，我認為與寵物的關係就應該是如此，雖然人與寵物之間還是會牽涉到「服從」這種上與下的關係，但我認為在一個基礎線上彼此是互相尊重的，這樣無論你的寵物當下的狀態為何，牠都會與你很舒服的相處，你

也能從寵物身上感受到滿滿的溫暖與愛，這不就是養寵物想要的感覺嗎！

有些人會想像，覺得我老是說訓練前要做「食物控制」（請參閱頁115）就是在飢餓鸚鵡，或是覺得我動物表演的背景，就是餓鸚鵡讓牠們聽話，但事情完全不是這樣的，因為我最自豪的一個經歷，是在給鸚鵡放飯吃大餐的moment接到呼機來電，有貴賓來訪「臨時」要加場看表演，我跟同事真的是把手邊的工作，什麼掃把、畚箕、水管全部都丟了，手刀衝去把吃飯吃到一半的鸚鵡們從食物山裡帶走，立馬恢復成營運模式等接貴賓，本來還很剉賽鸚鵡都吃飽了會不會不聽話？結果演出過程非常順利，不為什麼，就是因為這些鸚鵡是發自內心喜歡我們，所以牠們聽話不是因為飢餓，是因為愛😍。

講回主題，動物訓練是做什麼的？先撇除因為人類為了利益而使用動物能力這件事情，應該是要討論彼此的合作，而工作犬就是其中最常見的例子，舉凡緝毒犬、導盲犬、搜救犬、偵爆犬等等，這些狗不是天生就會做這些工作，也是透過血統篩選以及完好的訓練而來；寵物也是一樣，我們不一定要教出一隻會表演的鸚鵡，因為寵物應該是來受寵，而不是成為取悅飼主或親戚朋友的玩物（所以黑瓜什麼才藝都不會～），但受寵要有個限度，至少給予良好的訓練，不至於會攻擊人吧！

過度寵愛的結果，使得大部分的人養鸚鵡都養到很頭痛，像是鸚鵡沒來由大叫，自殘咬羽毛，甚至會攻擊主人，導致手痛腳痛皮肉痛，是有必要這麼痛苦嗎？

世上沒有訓練不來的鳥，方法對了就順了！

狗跟人類生活在一起，就以某些我也不知道哪裡來的研究（我看其他書看到的），可以追溯到幾十萬年前。有一個理論是說，在原始狼的族群當中，一定就會有一些不夠強壯、不夠強勢，個性比較溫順的人生失敗組（我們簡稱牠們邊緣狼好了），邊緣狼搶不到食物來吃，又剛好有人類生活的地方就會產生垃圾，原始人產生的垃圾當然也不會是什麼保鮮膜、塑膠袋，反正就是一些食物的殘渣，而沒有食物吃的邊緣狼就會在人類的部落附近撿拾垃圾來吃，漸漸的也在人類生活的周圍產生了新的邊緣狼群聚落；這些習慣被人類畜養的邊緣狼，逐漸地演化成我們現在看到的狗。雖然在生物學的歷史裡，還有很多在考古學上沒有辦法完全證實的理論，但邊緣狼沒有因為自己在群體中的弱勢而被淘汰，反而因為溫順的個性進入到了人類的世界，演化成我們所知的狗，從物競天擇的理論來看其實還算是說得通，所以這個理論我還是信了。

講回鸚鵡的部分（跳一下），我覺得在演化的過程中，狗學會了怎麼跟人類相處，像是挑眉，更願意服從等等的行為；我也認為人類也在這幾萬年飼養狗的過程中，產生了學習要怎麼跟狗相處，這對狗來說是好事，因為全世界大多數的人幾乎都愛狗，而且比較能瞭解狗的需求，但這對於其他動物來說就會變得很不公平。

一個最簡單的例子：「馬克老師，我想要養鸚鵡，我是不是要從幼鳥開始飼養？」這個觀念很直接地對應到一般人飼養狗會從幼犬開始養的想法，但如果只是想要一隻寵物，只是要能滿足這個動物快樂活著的需求，從一個訓練師的角度來看，從小開始養的條件是不需要的，除非有特殊的訓練目的，例如放飛鳥，訓練師才會建議要從小開始飼養，不然任何年齡的鸚鵡都是有辦法飼養並訓練的（不過大家不要看到這句話，就給我把鸚鵡亂放出去飛啊！放飛技術可不是這麼簡單的！各位千萬不要拿鳥寶的生命開玩笑啊！）。

各位想想看，如果訓練師每規劃一個新的訓練項目，就要重新飼養一批幼鳥，等幼鳥長大能聽得懂人話還需要好幾年，這樣是不是太不符合成本了呢？再來，一般鸚鵡只要長到亞成鳥階段，通常就比較能聽得懂人話，也比較能開始訓練，但巴丹鸚鵡就有些不一樣，牠們的幼年期比較長，即便已經快兩歲，在亞成鳥階段也已經很久了，但行為還是很像小孩，雖然感覺在訓練上都會做，但很難靠牠自己融會貫通而產生突破性的進步。我就曾經有這樣的經驗，四個訓練師拿三隻一歲多的葵花巴丹沒輒，只能等牠們再長大一點再說。

最後總結一下，想要飼養一隻乖巧、聽話的鸚鵡，一定要從幼鳥開始養嗎？不用、不用～（搖手指），從小飼養，頂多只能確保牠會依照我們設定的目標、期望的樣子長大，但不一定會變成我們想要的樣子（Look at me，我也沒變成家母希望變成的樣子～）。所以我們可以說，能夠被訓練跟個性養成是兩個不一樣方向的思考，因為有太多的例子也是從幼鳥開始飼養，把屎把尿地親手餵養長大，後來還是走針，攻擊主人的啊～所以給予正確的飼養方式和訓練才是重點，只要方法對了，什麼年紀開始飼養都能有機會成為一隻乖巧的好鸚鵡。

訓練邏輯建立起來！

要談訓練，必須先瞭解「古典制約作用」跟「操作制約作用」這兩件事情在做什麼！我知道這大段內容很硬，但這段讀懂你們基本上就出師了好嗎！也會讓你更明白後面章節在講訓練時要注意的大原則。

古典制約作用（Classical conditioning）

❶ 首先有一個無條件刺激物（UCS），會產生無條件反應（UCR）；簡單來說，就是當一隻狗看到飼料（UCS），無條件產生流口水的反應（UCR）。所以我們可以說，飼料對狗來說是無條件刺激物，因為看到飼料，就會產生無條件反射的流口水反應。

狗狗看見了飼料（UCS）
↓
流口水（UCR）

❷ 這時候有一個鈴聲響起，對狗狗來說，這是個沒有意義的聲音，所以不會產生任何的反應，我們稱這個聲音叫做NS。

狗狗聽到鈴聲（NS）
↓
沒有任何反應
z z z

3 接著我們讓飼料（UCS）跟沒有意義的鈴聲（NS）同時出現（或是鈴聲一響起，飼料接著馬上出現），鈴聲不再是沒有意義的聲音了，因為鈴聲＋飼料，讓狗狗產生流口水的無條件反應（UCR）。

狗狗聽見鈴聲，隨即有飼料出現
↓
飼料導致狗狗流口水（UCR）
!

4 久而久之，縱使沒有飼料的出現，狗狗只要一聽到鈴聲（CS，條件刺激），也會產生流口水的反應（CR）。

狗狗只有聽見鈴聲（CS），沒有看到飼料
↓
流口水（CR）

這就是為什麼訓練師能對動物下指令的原理。我們的語言，對動物來說其實是沒有意義的聲音（NS），當我們叫狗狗的名字的時候，同時給牠吃一顆飼料，久而久之訓練師的聲音，或是名字這個指令，就會成為條件刺激（CS），狗狗聽到我們的聲音就會很有反應。

操作制約作用（Operant conditioning）

上個部分提到的古典制約是「行為主義」的學習理論，而操作制約不一樣，則是「聯結主義」。古典制約是先有刺激，才產生反應；操作制約則是從動物本身已經有的行為反應中，選定某個行為，對那個行為給予獎賞。簡單來說，操作制約就是利用動物已經會的動作，想辦法讓牠自主完成某件事，並讓牠得到好處，然後加強這個動作出現的機會。例如說，有一隻養在室內的貓，牠想出去玩，所以用腳掌勾了勾紗窗，結果紗窗就被牠打開了一個縫，而這隻貓就得到了一個快樂的戶外時光；之後主人就會很頭疼，因為這隻貓學會了怎麼跑出去，甚至會類化打開相似的機關。

1
想出去玩（動機）
↓
腳掌玩紗窗
（原本就會有的行為）
2
意外開了一個
可以出去的縫（獎勵）
↓
愉快的戶外時光（增強）
3
。。。。
開窗技能 GET ！

但是大家會不會覺得很疑惑，這不是一本訓練鸚鵡的書嗎？講這麼多狗跟貓的訓練幹嘛嘞？我必須說，訓練邏輯基本上是通用的，而且建議大家要靈活混合運用，例如鸚鵡表演說話，就算是操作制約＋古典制約混合式的訓練技巧。

假設：灰鸚鵡羞灰，有天無聊，自言自語突然講了一聲「謝謝」（原本就有的行為），訓練師茂太郎見獵心喜，立刻塞一把葵瓜子給牠（增強），羞灰變得很喜歡講「謝謝」這個單字，而且有事沒事就會講「謝謝」。

羞灰喜歡吃葵瓜子（UCS），看到葵瓜子就會很開心（UCR）；茂太郎「握拳」這個動作，羞灰牠看不懂（NS），而茂太郎有事沒事就會在羞灰面前做「握拳」這個動作，在茂太郎的鼓勵之下，羞灰剛好在「握拳」這個動作面前講出了「謝謝」這個單字，「握拳」的手立刻張開拿出了葵瓜子（UCS），羞灰好開心，知道自己做對了，之後看到「握拳」（CS）這個動作，就會開心地講「謝謝」（CR）。

思考與練習

上述的什麼條件刺激還是什麼無條件反應全～～～都看不懂對不對！不要灰心，不要難過，你很正常，因為大家都看不懂的！我當年在讀理論書的時候也是看得眼很花。各位可以嘗試將古典制約裡的刺激與反應的順序用紙筆寫出來，或是畫出關係圖，你就能比較好理解囉！

訓練邏輯步驟拆解——工作分析法

瞭解了「古典制約作用」跟「操作制約作用」後，雖然前面舉了一個訓練鸚鵡講話的例子，但那只能說明如何應用這兩個心理學原理，達到讓鸚鵡能聽得懂我們要牠做什麼，但把視角轉回我們這些飼主身上，我們又該怎麼做呢？

其實最重要的就是要「拆解步驟」，把一個我們認為理所當然的動作，拆解成很細很細的步驟來做引導，再配合上述兩種行為制約的方法，對於無法使用語言跟動物溝通的我們來說，這是一個很重要的歷程。用一個我最常請學生思考的訓練項目為例，如何讓「鸚鵡把紙球丟進桶子裡？」，我一般收到的答案，會是「把紙球給鸚鵡，然後拿桶子去接，之後練習讓鸚鵡自己完成」，聽起來挺合理的，而且單看引導動作是正確的唷！但我接著會問「那鸚鵡為什麼會叼住你給牠的紙球不會丟掉？」「為什麼鸚鵡會把紙球丟進去桶子，而不是看到桶子逃走？」「為什麼鸚鵡知道要把嘴巴中的紙球放開？」問到這裡通常我已經被討厭了（難怪我人緣這麼差（），這些學生不過是來餬口飯吃，沒有人想思考這麼無關緊要的事情好嗎！但這些步驟在動物訓練中真的很重要，尤其鸚鵡是鳥類，對於第一次看到的東西通常不是逃跑就是嚇壞了！警覺性極高，縱使是一樣的東西，換個顏色也會讓牠們害怕到崩潰，所以並不是我們想像中的，給牠紙球、給牠桶子，牠都能接受，不是的，縱使是社會化極高的鸚鵡都不一定能做得到。訓練步驟還必須要搭配減敏訓練（請參閱頁140）才能達到最佳效果，我的拆解步驟如下：

❶ 願意靠近紙球（大威脅減敏）：

（假設以葵瓜子做訓練獎勵）先在紙球附近撒葵瓜子，視狀況拉遠、拉近距離，並讓鸚鵡在紙球的旁邊吃葵瓜子。

2 限定紙球旁邊才有葵瓜子（大威脅減敏）：也可以塞一點葵瓜子在紙球上明顯看得到的地方，讓鳥喙有機會自主碰到紙球。

3 拿紙球碰鸚鵡鳥嘴（大威脅減敏）：這時候的鸚鵡已經沒這麼怕紙球了，紙球靠近牠的臉也不會驚慌失措逃跑時，就可以拿紙球逗牠的嘴，只要有張嘴的動作，包含輕輕地含、或是用舌頭舔都算，給予誇張的娃娃音稱讚，並逐漸引導成是有用含的才有獎勵。

4 自主含咬紙球：桌面上就只有鸚鵡跟紙球，測試看看牠會不會主動碰紙球，如果沒有也是在紙球旁邊撒幾顆葵瓜子，有主動碰紙球就給予多一點葵瓜子獎勵。由於上一步驟已經會含紙球了，這裡的目標就會是希望鸚鵡可以自己去含，甚至可以咬起來一下。若太過被動就結合上一步驟，多拿給牠，引導牠自主去玩紙球，然後接收獎勵。

5 咬起來但不能太快放掉：不管是你拿紙球給牠，或是牠自己咬起來，都鼓勵別太快放掉，可以在鸚鵡叼起紙球的時候稍微轉移注意力，例如給牠口語提示；但這時候注意不要太快拿葵瓜子出來獎勵牠，鸚鵡可能會為了想吃葵瓜子分心而放開紙球，反而不是在這個步驟的理想動作。另外，這個步驟需要讓鸚鵡理解拿起紙球後不要直接放開，一開始時間很短，頂多一到兩秒是正常的，只要牠能理解紙球不是舔舔就好，或是有拿起來

的動作，就可以進行步驟六。

6 桶子減敏（大威脅減敏）：紙球狀況穩定了，暫時改練習桶子的減敏。桶子可以倒放並拉遠距離，讓鸚鵡自己靠近桶子附近，並且有辦法將頭伸進去桶子裡吃葵瓜子，之後將桶子立起，也能維持將頭伸進去吃葵瓜子。

7 桶子接住紙球：讓鸚鵡在桶子附近，將紙球直接遞給鸚鵡叼住，在牠叼住的時候，一隻手拿著桶子準備，另一隻手拿出葵瓜子（不要讓鸚鵡離桶子太遠，在旁邊即可）。當鸚鵡看到你手上有葵瓜子而分心時，可能會放開紙球，這個時候桶子要接住紙球，並同時娃娃音給予稱讚及鼓勵，鼓勵的葵瓜子盡可能讓牠頭伸進去桶子吃，反覆練習。

8 人不接球：讓鸚鵡可以自主將球丟進去桶子。

9 拉遠距離：一開始桶子的距離不要太遠，讓鸚鵡至少走一步才能將紙球丟進桶子裡，接著領賞，再慢慢拉遠距離。訓練完成！

以上步驟其實我有濃縮、簡化，讓讀者比較好理解。當然步驟是可以做增減的調整。我也曾在訓練的過程中，遇到程度非常好的葵花巴丹鸚鵡，將原本要花十五個步驟的訓練，直接給我跳到第八步驟，那我當然就從第八步驟開始練習，所以可以視鸚鵡的程度而增加或減少步驟，以鸚鵡當下的狀態來做調整。

思考與練習

鸚鵡丟紙球是相當容易理解的小雜技，各位新手訓練師們可以思考看看，如果今天你要訓練一隻鸚鵡提水桶，或是套圈圈，你可以怎麼樣拆解步驟呢？

正增強、負增強、正處罰、負處罰

訓練人員在應用上述訓練邏輯的過程中，也會搭配正增強、負增強、正處罰、負處罰的原理。這四個項度其實要拆成兩個部分來看，「正、負」一組，「增強、處罰」一組。

「正」意思不是比較好，是代表加上某個東西，「負」意思不是比較不好，而是移除掉某個東西；「增強」是為了增加某個行為，「處罰」是為了減少某個行為。下頁分別舉幾個例子讓大家更容易理解：

	正	負
增強	加上某個東西， 讓動物某種行為更常發生。	扣掉某個東西， 讓動物某種行為經常發生。
處罰	加上某個東西， 讓動物某種行為減少發生。	扣掉某個東西， 讓動物某種行為減少發生。

❶ 正增強：羞灰因為講了「謝謝」這個單字，茂太郎立刻給羞灰吃葵瓜子，羞灰變得很喜歡講「謝謝」，所以有事沒事就在講「謝謝」。

加上「葵瓜子」，
增加講「謝謝」
的行為發生。
謝謝
謝謝
謝謝
謝謝
謝謝

❷ 負增強：茂太郎跟電話中的對象在吵架，吵架聲音很大聲，逼沙在旁邊看得很害怕，於是走到茂太郎旁邊，看著茂太郎並且「坐下」，表現出一種「我

狗狗以坐下的動作，
減少對方大聲的聲音，
增加自己舒服的感覺。

很乖喔～不要罵我喔～」的表情，茂太郎愣了一下，就沒有繼續跟電話中的人吵架了。之後只要茂太郎的聲音變得大聲，逼沙就會看著茂太郎並且「坐下」，露出一種表現自己很乖的表情。

❸ 正處罰：一位中二小屁孩，跨過圍籬走到金剛鸚鵡展示區，摸了金剛鸚鵡的頭，立刻被金剛鸚鵡咬，屁孩下次就不敢隨便出手亂摸鸚鵡。

伸手摸鸚鵡的行為，
增加了一個「受傷」的經驗，
減少隨便亂摸鸚鵡的行為。
請勿觸摸
請勿觸摸

4

負處罰：逼沙看到茂太郎回家很開心，「汪汪」叫了兩聲，原本朝逼沙走過去的茂太郎聽到叫聲，立刻轉頭離開，逼沙學到看到人不能亂叫，異常興奮的行為減少。

茂太郎移除
對狗的關注，
減少逼沙見到人
就異常興奮的叫聲。

BYE
......

woof
woof

市面上有很多關於動物訓練的課程，或是有很多種訓練的流派，會把「正增強」當作一個至高無上的圭臬，把「處罰」視為萬惡不赦的罪過。然而我也不想得罪太多訓練界的前輩，畢竟我也是看他們的書，上他們的課在滋養自己的能量啊！但我是個有話老實說的訓練師，我不認為市面上有所謂完全正增強的教法，不管是忽略，或是轉頭離開，還是甩門讓動物冷靜個兩分鐘，移除掉給動物的關注，對動物來說就是懲罰了，只是沒有施加直接的暴力在動物的身上。應該說，我同意適度的懲罰，如同前輩們用行為引導的方式，讓動物感覺到被處罰；但我反對暴力體罰，因為大部分施加暴力的時候都不是理智的，你甩過去一巴掌，或是對動物大吼大叫、摔東西，有辦法教會牠不會亂叫、不會亂大小便嗎？不會的。如果問題持續發生，代表你的失控是無效的，那何必一試再試？當然我講這些，也不是要得罪前輩們，表現出一付自己很厲害的樣子，我不是~（我跪），只是我希望大家能理性的看待正增強、負增強、正處罰、負處罰這四個項度，其實靈活運用，動物沒這麼笨，一定學得會，只是你的方法有沒有正確。以下是我覺得懲罰的時候要注意的幾個要點：

- 懲罰一定是動物不喜歡的事情，例如忽略、剝奪關注、停止遊戲。
- 懲罰必須有效，否則就是無意義的虐待，或是主人演獨角戲。
- 懲罰強度必須合宜，太強可能會導致動物危險，太弱則不痛不癢。
- 懲罰必須及時，少一秒都不行，在行為當下，動物才能關聯被處罰是因為某行為而不是你。
- 同樣的行為發生，都必須懲罰。
- 懲罰後要和好，並指導正確行為，讓動物避免再被懲罰。
- 獎勵的強度必須高過懲罰，被訓練的動物才能理解不喜歡被懲罰，相反的，被獎勵真好，這樣才能在訓練過程中施以正增強的指導。

懲罰要注意的事情很多，而且是有風險的，如果使用的方式不對，可能會衍生出更多行為問題，甚至是「習得無助」這種絕望的放棄境界。如果不知道怎麼懲罰，將上述懲罰的規則，轉換成正增強的獎勵，一樣行得通，而且基本上不會做錯，所以請多嘗試正增強訓練法：

- 獎勵一定是動物超喜歡的物品或事情，例如食物、玩具、主人、娃娃音。
- 獎勵必須當下及時才有效，不然就是無意義的溺愛。
- 獎勵強度必須適度做調整，平常做對就是普通開心的小獎勵，例如一顆飼料、或口頭稱讚；但如果做對了某個突破，或是非常正確的事情，請娃娃音高分貝的稱讚，並且立刻給很多很多的獎勵物（我通常會給鸚鵡一整把葵瓜子撒在牠旁邊）。
- 獎勵必須當下及時，少一秒都不行，在行為當下，動物才能關聯被獎勵是因為做對了某個行為，也才能增加行為動機。

●同樣的行為持續發生，代表已經學會了，不必每次都是大獎勵，可以逐漸改成口頭稱讚的小獎勵。

最後再次強調，如果你不能保證自己懲罰的方式很正確，記得，與其可能會衍生出其他的問題行為，正增強基本上不會錯到哪裡去，那就使用正增強訓練吧，而不要使用任何的懲罰，或是請教專業的訓練師來協助你。

第2堂課

養鳥人生沒這麼簡單！

其實你可以不用養鸚鵡

總會有人告訴我「我是鸚鵡新手，我要養鸚鵡」，當我深入瞭解當事人的條件，我都會規勸他，請他不要虐待動物。

大部分的人飼養寵物的習慣，總是會把動物當作陪伴自己的附屬物品，不是活著的動物。老子下班回家了，有另外一個活著的動物，我可以玩一下，被療癒一下，然後就可以安心去休息睡覺了。我還有遇過飼主跟我說「我每天都有陪牠一個小時耶！」，但有沒有想過，這些活著的動物，都有社交的需求，尤其常見飼養的鸚鵡品種都是群居動物，牠們需要交朋友，需要照顧彼此，需要叫一叫確認朋友還活著，需要消耗體力。如果沒辦法提供適當的飼養條件，除了會衍生出更多行為問題，那隻鸚鵡跟關在牢籠裡的囚犯又有什麼兩樣呢？

另外，很多人會想養鸚鵡，都是看到別人家的鸚鵡很乖、可以站在肩膀上、帶出去很酷、只要丟出去叫一叫牠就會飛回來，放屁～～～～。基本上鸚鵡屬於野生動物，而且就我所知，鸚鵡飼養的歷史紀錄大概也是近百年的事情，若要跟犬、貓這種跟人類相處上萬年，甚至有數十萬年紀錄的馴化動物相比，本身就不是非常適應人類的生活條件；再來，我發現很多人都會很天真地把鸚鵡當犬、貓在養，以為比照辦理，從小飼養不用教一樣就可以得到一隻乖巧的鸚鵡，完全忽略鸚鵡真正的生活需求、飲食需求、生命年限超長，甚至去理解牠們的習性可能會帶給人類很多的不方便。我真的發自內心不建議大家養鸚鵡，因為承擔的生命責任真的很重大。但你真的要養，就請你為牠的生命負責，認真的去思考如何給予一隻鸚鵡好的生活。如果你連以上的問題都懶得思考，我真的不建議你養鸚鵡，或是不要飼養任何寵物好嗎！

眼前所見的各種物品，都是鳥寶放風時間探索的目標，鍵盤少一顆、充電線滿滿咬痕，你……真的準備好了嗎？

欸嘿～但我就是偏偏任性選鸚鵡

想要飼養鸚鵡的理由我聽過百百種（OK，我講話浮誇），像是鸚鵡好可愛啦～會講話很有趣啦～我朋友的鸚鵡很乖～放肩膀走出去很帥之類的～（容我輕輕地翻個華麗的白眼）。就如同上一節在講的掃興話，我還是強力地希望大家可以不要養鸚鵡，因為鸚鵡真的沒有很適合人類飼養。但如果你真的滿腔熱血，覺得鸚鵡在你的生命中很重要，非鸚鵡不養的話，那就請各位大德盡可能吻合你跟鸚鵡的需求，也可以思考成是說「你能夠提供的條件」加上「相對應的鸚鵡品種」分別是什麼？

你能夠提供的條件

就好像追女朋友一樣，展現出你擁有的特質與自我條件，才能吸引到適合的人選。若要歸納飼養鸚鵡的條件，我認為你要先問問看自己：

1. 我有時間陪伴鸚鵡嗎？
2. 我有足夠的空間飼養鸚鵡嗎？
3. 鸚鵡就是會叫，我與周遭的人有辦法承受嗎？
4. 我有能力教育牠嗎？
5. 環境整潔會不會影響到其他人？
6. 牠生病時我有辦法負擔嗎？（看獸醫真的很貴）以下無限延伸。

有了上述的自我探索，接著就可以尋找相對應的鸚鵡品種。

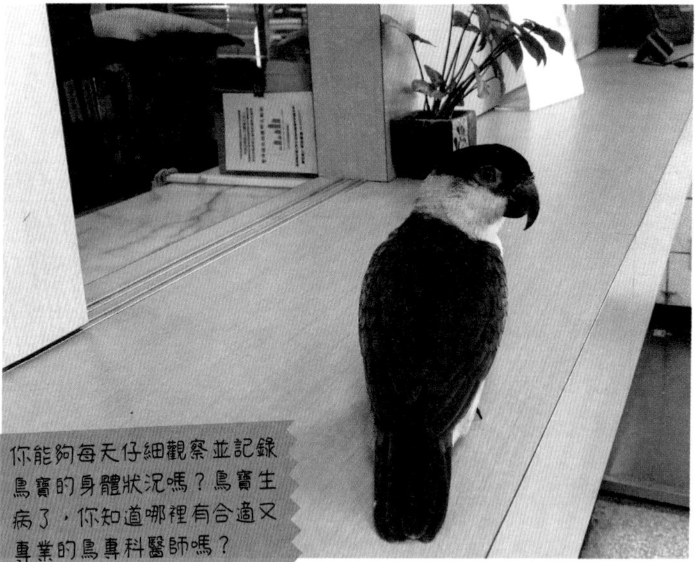

你能夠每天仔細觀察並記錄鳥寶的身體狀況嗎？鳥寶生病了，你知道哪裡有合適又專業的鳥專科醫師嗎？

相對應的鸚鵡品種

就好像追女朋友一樣，瞭解她勝過當個撒錢的傻逼。

鸚鵡的品種百百種（這次我真的沒有浮誇了），當然鸚鵡的個性就是百百款，就跟我們每個人都會有不同的個性一樣，例如平平都是金剛鸚鵡，我個人認為緋紅金剛鸚鵡就特別喜歡挑戰制度，然而藍黃金剛鸚鵡就是一個溫順地小孬孬。因此，以同樣能負擔飼養金剛鸚鵡開銷的飼主來說，訓服鸚鵡的能力不同，就會影響飼養這兩種金剛鸚鵡的狀態，而鸚鵡所衍生出的行為也就會不一樣，這是我們必須要考慮到的。

綜合以上兩點，我們就可以往下整理思緒，瞭解自己適合什麼樣的鸚鵡：

1

為什麼我想要
養鸚鵡？
（如果理由不明確，
就請你先緩緩。）

2

喜歡哪一種
鸚鵡，理由
是什麼？

3

這種鸚鵡的習
性真的適合我
嗎？飼養上的
缺點是什麼？

4

我的其次選擇是
什麼？並重新回
到第三題，找到
合適的鸚鵡。

以我自己飼養黑瓜的過程做為例子：

❶ 為什麼我想要養鸚鵡？因為我身為一位鸚鵡訓練師，而且周圍的朋友都有一隻鸚鵡，我想跟大家一樣，擁有一隻自己的鳥（對，當年有點幼稚的理由下的決定）。

❷ 喜歡哪一種鸚鵡，理由是什麼？我想選擇的是杜柯波氏巴丹鸚鵡，因為巴丹鸚鵡親和力強，喜歡討摸摸，有種奇怪的好笑感；而且杜柯波氏在巴丹鸚鵡之中價位也算比較低的，體型也是我很喜歡的大小。

❸ 這種鸚鵡的習性真的適合我嗎？飼養上的缺點是什麼？巴丹鸚鵡活動力、破壞力都很強，需要比較大的空間，我家似乎沒有適合擺放籠子的位置。再來，巴丹鸚鵡羽毛上的粉塵非常非常非常之多，對於住家環境的維護上會有點困難。最後，巴丹鸚鵡非常會叫，叫起來驚天動地，我家的位置附近住戶

不少，會不會影響到別人？

4 我的其次選擇是什麼？並重新回到第三題，找到合適的鸚鵡。我重新查書翻呀翻，看到朋友推薦的賈丁鸚鵡，雖然很聰明，但聽說常常在沒理由地情況下咬人，我的能力掌握得了牠嗎？羽毛顏色好像也不是我很喜歡的，跳過。黑頭凱克鸚鵡，看起來網路上討論的聲音並不多，感覺挺有特色的；個性活潑可愛親人，長得也蠻好笑的，很像小偷（對，我的價值觀有點偏差，喜歡的東西標準總是跟別人不一樣，朋友都希望我的眼光可以高一點）。

3 這種鸚鵡的習性真的適合我嗎？飼養上的缺點是什麼？黑頭凱克屬於中型鸚鵡，是我喜歡的短尾巴。飼養空間適中，大概一個九官鳥籠就很寬敞了。粉塵量也跟金太陽差不多，而且叫聲也在我可以接受的範圍。我當時工作薪水不錯，牠的醫療費用也是我能負擔的。

於是就上述的歷程，促成了我與黑瓜這段孽緣的相識啊干～～～。總之，這段敘述是我在飼養黑瓜之前，真實自我探索的一個過程，各位讀者可以斟酌參考。另外也希望大家可以將上述的內容延伸思考，並將內容加深、加廣，來找到屬於自己需要考慮到的面向。

第3堂課

鳥寶壞壞怎麼辦？

我聽過不少飼主抱怨他的鸚鵡會咬人，但在請他敘述人鳥平時怎麼互動時，他就會跟我說「我們沒特別訓練牠，覺得牠是動物」；又或是他的寵物會攻擊他及家人，請我過去指導，經過我的評估及建議後，飼主壓根不想改變自己的觀念，也完全沒有要改變飼養方式的意思，讓我會有種白忙一場的感覺。簡單來說，寵物會有問題行為，百分之九十是飼主指導上有問題，真的要遇到額外那百分之十，完全難以控制的動物真的很難得。

我認為養寵物應該是開心愉快的事，就好比養鸚鵡的人，我想大多數的人都幻想著肩膀上能站著一隻鸚鵡到處遛達，或是一呼喚即飛過來，窩在你懷裡撒嬌，還會講幾句話逗你開心。但事實上呢，鸚鵡每天有事沒事都在大呼小叫，你叫牠牠也不會來，要不一來就咬人，或是牠站在你肩膀上一整天，到晚上你把衣服脫了，才發現自己背後滴滿了鳥屎（如果是連身帽型的衣服，大便就會全聚集在帽了裡面唷～），所以若飼主沒有在飼養前具備完整的動物知識，準備完好的飼養條件，適當及完整的社會化和教養教育規劃，你只會擁有一隻可怕的鸚鵡，然後每天抱怨牠，想把牠丟掉，最終無辜的還是鸚鵡，因為牠根本不知道自己錯在哪裡，一切都是飼主縱容出來的。

咬人≠咬人

我的臉書專頁上，來發問的飼主，大概有百分之八十的人都有一樣的問題：「馬克老師，我家鸚鵡會咬人，我該怎麼辦？」通常這些問題不太難解決，但每次在釐清楚狀況前，總是花了我很多的時間。我必須強調，飼主來詢問的「咬人」，通常跟攻擊人類沒有關係，只有攻擊人類的「行為」，才會是我們需要調整鸚鵡的地方，其他都是我們人類沒有做好環境控制（請參閱頁52）。

雖然鸚鵡的嘴巴感覺又大又笨重，像個老虎鉗一樣有點可怕，但其實鸚鵡的嘴巴就跟我們人類的手一樣靈巧，做任何事情都是靠牠們強而有力的大嘴巴，尤其鸚鵡之間的相處，也是靠著嘴巴跟另外一隻鸚鵡做互動的，例如靠著嘴巴整理對方臉上清潔不到的羽管、餵食對方、還是保護資源都是靠牠們的大嘴巴。所以鸚鵡的大嘴真的很厲害，從精細的動作或用盡全身的力氣啃咬都能做得到。但在人為環境長大之下的動物，很少有機會可以跟人類或是其他動物學習控制咬合

鸚鵡的嘴真的像是老虎鉗一樣，怪嚇人的。

的力道，以至於會讓人類誤以為這隻動物會咬人。

我們在處理咬人這件事之前，先要分清楚牠到底是攻擊，還是在跟你玩？我通常會問被咬的飼主「牠有沒有用殺死你的力道在咬你？」，想像一下驚悚片的內容，假如你要殺掉某個危害你生命的壞人，你一定會目露兇光，用盡全身的力氣將凶器往壞人身上灌過去吧；而鸚鵡要攻擊你之前，其實表情動作也會是一樣的，而且非常的明顯，來看看以下四種狀況：

● **狀況一**：他一定會目露兇光，尤其是瞳孔，會不斷地縮放、縮放，眼神中透露著想要殺死你的樣子！大部分鳥種都蠻明顯可以看得到，但至於像巴丹鸚鵡這種眼珠子全黑的鳥種，就必須仔細一點看才能看得出來。通常這時候的咬人是會比較直接的，看你不爽的，或是有不喜歡的東西出現，會有突然衝過來的動作，接著就開咬，甚至會咬著不放。

●狀況二：會往站架的邊邊或是籠子的角落一直退讓，退到不能再退的時候，就會揮舞著自己的嘴巴，作勢要咬人了。這種就是比較被逼到無路可走的咬人，通常伴隨恐懼，想要生存的想法為主。

●狀況三：感覺跟人挺親近的，會上手也會願意給摸摸，但會在一個奇怪的 moment 突然轉為攻擊模式。

● 狀況四：跟人真的很親近，喜歡輕輕咬皮膚、咬耳垂、咬手指、拔掉指甲旁邊的死皮、摳你的結痂，而且不會控制力道，然後你會很痛，但又覺得鸚鵡在跟自己互動，要忍耐！要忍耐啊～～

通常見血不一定是一個判斷指標，因為像上述的狀況四，鸚鵡不帶憤怒情緒也能把你的手指咬傷，想想牠們平常是怎麼把木棍啃碎的吧，所以當牠在享受啃你手指的時候，你的手指不過是某個比較柔軟的棒子，如果牠沒有學過控制力道，或是你沒有指導牠怎麼跟你正確互動，當然就會把你咬到流血了，所以處理攻擊性咬人以及非攻擊性咬人的方法是不一樣的，可以從上述的四個狀況去評估。

處理狀況一跟狀況二兩個攻擊性行為，可以用上手訓練做解決，提升鳥跟人的親近度（請參閱頁 119）；如果是狀況四，鸚鵡本身就跟人很親近，就必須指導交換或控制力道技能（請參閱頁 135）；狀況三比較介於這兩種極端狀況的中間，比較需要看牠的程度在哪裡，我建議要多觀察鸚鵡的身體語言，不要只是覺得牠很乖就一直弄牠，說不定牠有對你抗議只是你沒有發現（請參閱頁 132）。

亂叫與環境控制

【2019 年 9 月，在法國西部的俄雷隆島，有一隻名為 Maurice 的公雞，日前遭到鄰居抱怨，說牠的啼叫聲太吵而告上了法院。這案件引發法國各界的討論，並有 14 萬人簽屬「拯救 Maurice」的網路聯署書。經過一連串的審理，法官裁定 Maurice 擁有在清晨啼叫的權力，因此 Maurice（的主人）打贏了這場

官司。】[1]

當寵物做了某個奇怪的行為時，一般飼主都會直接聯想到「啊！要怎麼訓練指導牠」，但其實很多狀況是不需要訓練的，只要透過飼主改變飼養方式，或是平時的習慣，動物失控的行為就會好了。環境控制說穿了，就是一種當動物出了狀況「一切都是你的錯，不是動物的錯」的概念。例如說，為什麼狗狗會在家裡到處大小便？因為你沒有教牠哪裡可以如廁，或是沒有限定牠活動的區域，當然你家到處都是屎尿啊；又或是一隻鸚鵡把主人的紙鈔咬碎了，那到底是鸚鵡咬紙的行為不對，還是錯在主人放鳥沒有管牠在幹嘛，而且錢還亂丟？

1 自由時報（2019年9月5日）。啼叫聲太吵被告　法國公雞打贏官司【新聞群組】。取自 https://news.ltn.com.tw/news/world/breakingnews/2907010

在鸚鵡界工作好多年，歷經無數次金剛鸚鵡在耳朵旁邊慘叫，以及上百隻金太陽同時在某一個空間裡碎嘴亂叫的摧殘，不曉得耳朵是不是壞掉了，只要有人跟我說○○鸚鵡很吵，我都覺得發問者有聽覺過度敏感的問題（對，看來我的耳朵真的是壞掉了）。當然，一方面是我已經很習慣鸚鵡的叫聲了，但另一方面我也覺得鸚鵡會叫很正常，因此當那篇報導一出現，很快就吸引到我的注意。大部分的鸚鵡都是群居動物，牠們有社交的需求，透過叫聲，可以很快地傳遞環境資訊、聯絡感情。但鸚鵡的叫聲真的非常恐怖，在人口超密集的都市裡，不被投訴真的是謝謝父母，謝謝師長，謝謝觀世音菩薩（咦？不是應該要謝謝鄰居才對嗎？）。

話說回來，同樣是很會亂叫的寵物——狗，是怎麼訓練不叫的呢？我們是不是可以複製方法來訓練鸚鵡呢？我個人的答案是可行，但並不完全有效，為什麼？前面章節有討論到狗與人類的相處長達十幾萬年之久，其馴化度的差異，是鸚鵡的發展程度再怎麼快，也還是看不見狗的車尾燈的，因此可訓練的程度我

woof
two years later

認為差距很大，例如同樣是引發需求性的叫聲，狗與鸚鵡的可調教程度也會不一樣。舉個例子，同樣都是從小飼養，並很早就開始接受良好訓練以及社會化的狗與鸚鵡，狗的需求如果一直有被滿足的話，其實可以是一隻不太有聲音的狗，但鸚鵡就是一隻鳥，沒事就開始會嘰嘰喳喳地自言自語、碎嘴，光這樣的聲音就讓很多飼主受不了了，更何況大部分的飼主也很難做到良好的訓練及社會化，因此，當具有需求性的尖叫聲開始響起，真的讓很多飼主崩潰到極點。

應對的訓練方式可以參考以下四點，選擇合適的情境應用在家裡的鸚鵡身上：

❶ 消耗體力：這是大部分飼主很難滿足的條件，一隻鸚鵡被關在籠子裡一整天，面對已經玩膩的玩具，飼主還以為自己提供了什麼稀世珍寶一樣，真的太忽略鸚鵡這方面的生理需求。這步驟的前提是你得訓練好讓牠成為一隻上手鳥，你就可以跟牠玩互動的遊戲，像是手摔角、追逐、拉搶繩子等等。

2 不回應：這是一個很消極的做法，而且是你很確定你已經相當滿足鸚鵡所有的需求了，例如籠子夠乾淨、食物跟水都整潔充足、提供很多陪伴的機會，但牠大老爺還是不滿足，要把你叫回來。這種狀況就是當牠一有尖叫聲，立馬轉頭離開現場，離開牠的視線範圍，但你必須要能忍受牠那個當下更劇烈的叫聲。可是我必須說，這招效果很有限，因為鸚鵡天生就是利用叫聲來找夥伴的動物啊……，只是訓練這招還有一個很重要的目標，就是不要養成鸚鵡一叫你就過去服侍牠的習慣，這會更加劇牠一有需求就會慘叫的毛病。

3 在你身邊：如果你有辦法移動籠子或放個站架，讓鸚鵡在你身邊，你可以繼續做你手邊的事情，並時不時摸摸牠。但如果牠只是很想刷存在感，一直用聲音引起你的注意，你可以不看牠，並邊做事邊出點聲音回應牠，例如，我專注在煮飯時，不理黑瓜牠有可能會叫得更大聲，但適時回應個「欸～」、「好～我知道～」牠就心安了，知道你還有注意到牠，就會漸漸安靜下來。

❹ 第二隻鳥：我通常很反對飼主以「為了陪伴第一隻鳥」為由，飼養第二隻鳥，因為通常都是沒時間陪伴，才會想到這樣的方法，然後這也通常是問題行為衍生的開端，像是兩隻打架、爭注意力、拔毛等等。但是！成功案例也不少，條件就是你必須對兩隻鳥的掌握程度都非常好，牠們分開時都會喜歡黏你，放在一起時又不會拋棄你，服從性也好，這樣牠們反而是彼此分開的時候才會亂叫。因為伴侶的需求被滿足，要你這個主人的需求就會減少。

別急著對鸚鵡怒吼！

一直以來都是在網路上與鳥友互動，來問的問題千篇一律，但礙於每個人對於敘述事情的方法都不一樣，我真的常常看不懂，必須透過請對方拍攝影片，我才能瞭解到底發生了什麼事，然後我就會順便看到一些原本不是要拍進影片裡的內容，最常見的就是在罵鸚鵡！在反對體罰的教育現場，常聽到「多打一下，數學也不會多考一分」的口號，我覺得這句話也好適用在動物訓練哦！你打牠罵牠，鸚鵡是有變得比較乖嗎？是怕了你，還是真的變乖了？我舉一個實際的例子：

一隻金太陽站在籠子上，腳抓著籠欄，每當牠用左腳抓住主人的手，就會咬一下主人的手指，此時主人就會很生氣地說：「不可以！」，金太陽也沒什麼表情，繼續乖乖地吃著主人手指間的食物，直到牠又用左腳抓住主人的手指吃著食物，一不注意咬了下去，主人又大聲地說：「不可以！」

這個例子是非常典型的「只有責罵，沒有稱讚」，鸚鵡做不對，當然要教，但不是你打了牠或是念牠幾句就有效，必須對症下藥教牠該怎麼做。這個案例我給的建議是，站在籠欄上可能站不穩，牠可能需要用嘴支撐身體的重心才會產生某些動作，因此先讓金太陽可以穩穩地站在站架上訓練。當牠做對的時候，多稱讚牠，讓牠發自內心喜歡你，而不是整天面對一個大吼大叫的蕭查某。很可愛的是，飼主後來提供的影片態度真的是一百八十度大轉變耶！雖然金太陽還是有類似嘴衝過去含手的動作，但因為主人知道調整聲音起伏，鸚鵡更明白自己的動作跟人類喜好的關係，動機變強，吃掌心飼料的動作也比較自然不生硬。

適當且正確的互動，更能拉近人鳥之間的距離喔。黑瓜大爺躺躺露出毛肚肚，未免也太舒服了吧！

思考與練習

會不會覺得鸚鵡真的好難訓練啊！已經照著馬克老師的方法做了，鸚鵡還是這麼不聽話？哦哦～那就是要來檢視一下，非訓練狀態時候的自己，對鸚鵡的態度合不合適囉！

第4堂課

你應該知道的超強育鸚術！

挑對食材，鳥寶可以吃得更健康

食物的種類五花八門，穀物、堅果、蔬菜、水果，都是常見提供給鸚鵡吃的食物。也就是說，我們人類食用的食材，大多都可以提供給鸚鵡，像是白飯、核桃、青江菜、蘋果、豆漿、牛奶等等，鸚鵡都可以食用。臺灣鸚鵡圈內有流傳著「鸚鵡不能吃火龍果、酪梨」的傳說，但我實際查詢研究資料，並沒有看到正式的官方研究結果；另外，在某一次黑瓜看診的時候，跟國立中興大學附設動物醫院某位美女獸醫師聊到這個話題，得到了以下的結論：

1. 火龍果鸚鵡可以吃。
2. 咖啡因類的食物不要給鸚鵡吃，例如巧克力、可可豆等等。
3. 酪梨的鸚鵡中毒實驗，是虎皮鸚鵡在大量食入酪梨後才產生中毒反應的，所以無法確定到底是因為吃酪梨導致中毒？還是小型鸚鵡的抗性低？還是大量食入造成的中毒？因為大量喝水也是會中毒的！
4. 不確定的食物就不餵食，沒必要用自己的寵物做實驗。例如我看過翻譯書有寫到肉類、帶肉雞骨頭、蒜、薑茶也可以給鸚鵡吃，但因為不是我個人的經驗，所以我不敢跟人掛保證說可以。
5. 寵物看到人類在吃東西時，難免會好奇想要吃吃看，但人類的口味對動物來說調味太重，恐怕會造成牠們身體的負擔，也容易養成挑食的問題，因此建議給鸚鵡的食物以無調味為佳，或是將調味堅果外層糖粉洗掉後才給鸚鵡吃。

吃進肚子裡的東西，營養要均衡應該是大家都有的共識。上網Google就會搜尋到一大堆資料，要你幫鸚鵡注意一天要攝取多少蛋白質、脂質、碳水化合物、維生素&%@!&#%～～～之類看得令人很厭世的瞎文章。可是對一般民眾來說，記得自己今天中午吃了一碗湯粄條就已經很厲害了，真的很少人會知道那碗湯粄條的營養成分是什麼，啊這樣是要怎麼替寵物分辨，並決定一天要吃下多少營養呢？（這時候小明同學舉手發問：「老師，所以湯粄條的營養成分是什麼呢？」小明同學真是個上進的好孩子，這邊順便解答，湯粄條概略的營養成分就是超量的碳水化合物、不夠的蛋白質、不夠的纖維質、不夠的維生素等等，就以營養均衡這個標準來看，中午只吃一碗湯粄條是不合格的唷！）。

基本上在一般民宅看到的鸚鵡，小型鸚鵡會餵小米，中型以上會餵葵瓜子，好一點的還會記得給青菜、水果，但只有小米、葵瓜子、偶爾再給一點青菜、水果，如此過於單一化的食物，這不就是營養不均衡嗎？而市面上販售許多不同品牌的綜合穀物型飼料，可能滿足了一些不同的營養素，但千萬別忘了，那一包綜合穀物，其中的百分之八十都還是超美味的葵瓜子，鸚鵡跟小孩一樣很會挑食（尤其是龜毛的灰鸚鵡），每天餵食綜合穀物，都以為牠是乖寶寶有吃光光，仔細翻開瓜子殼碎屑，就會看到都是完整不吃的東西，脾氣差一點的還會當你的面把那些食物丟掉，你還能確定牠每天真的有攝取足夠的營養嗎？

（我以前公司就有一隻脾氣很差的朱鷺冠巴丹鸚鵡，牠討厭任何紅色的食物，只要我餵牠吃小番茄，牠就會把牠嘴裡的那半顆小番茄用腳拿下來，盯著那小番茄看，再斜眼看我，那眼神裡還透露著：「你這該死的奴才，拿給我的這是什麼東西？」然後瞪著我，當著我的面把那顆小番茄扔在地上……）

面對愛挑食的鳥寶，光只提供綜合穀物，營養真的足夠嗎？

鳥寶的美食饗宴——轉換食物訓練法

由於市售的鸚鵡飼料，幾乎都是種子類型的食物，像是葵瓜子、各式堅果、小米……或綜合以上，這些種子型的綜合飼料，其中就會含有過多的油脂及碳水化合物，而且其他營養成分的含量極低，就有點像是你每天每餐都只吃湯粄條，每餐一定都會吃飽，但長久下來就是會營養不良。另外，市面上還有販售富含蛋黃的飼料，或是可以額外添加的蛋黃粉，這些成分很營養沒有錯，但基本上蛋黃添加在鳥類的飼料中是用來催情的，彷彿是電影版《鹿鼎記》中的「我愛一條柴」，公鳥吃了每天都會很high，但情緒跟行為就容易不穩定；母鳥則可能會一直產蛋，外加本來的食物營養就不夠均衡，身體很快就會變得很虛弱。之前就曾經有朋友的折衷鸚鵡因為過度產蛋，導致缺乏鈣質而不斷拉肚子的情況，所以一般寵物要避免蛋黃飼料之外，還是老話一句「均衡飲食」才是最重要的。

既然已經知道，要提供給我們的鸚鵡寶貝們均衡的飲食，但習慣成自然，對這些鸚鵡來說，已經習慣每天吃超級美味的葵瓜子，要牠們突然能夠接受滋養丸、蔬菜、水果等等食物，其實會有一定的難度，所以得透過訓練的方式讓牠們可以適應新的食物。

❶ **飲食從小養成：**鸚鵡並沒有一定需要從小開始養才會乖，但若能從小開始建立食物的味道、習慣的食物，就比較能避免挑食。例如快斷奶的幼鳥，我通常會在奶裡面混入磨成粉的滋養丸，目的不是為了增加

營養（因為奶粉本身夠營養了），而是讓幼鳥習慣滋養丸的味道。在斷奶前，給幼鳥咬玩食物的期間，盡量使用滋養丸，也能增加長大後對滋養丸的接受度。

❷

減少選擇：我從事動物訓練工作這麼多年，無時無刻都在印證師父的某句名言「沒有動物會蠢到把自己給餓死」，現在請大家把書本放下，並仰望天空複誦十遍，因為太有道理了這句話！假設今天有誰要請我去高～～～級buffet吃到飽餐廳，我一定會死守最昂貴的海鮮區啊，尤其帝王蟹腳一定要先去掃盤好嗎，這個時候都要六親不認了，誰還要去思考均衡飲食吃個沙拉吧跟烤飯糰啊，這根本是不可取的行為（例如家母就是這款人，不可取）。所以換位思考看看，今天我們提供鸚鵡過量的綜合穀物，就有點像是我們今天的晚餐是一整桶全家餐炸雞外加兩片地瓜葉，雖然以物件來看似乎是均衡的，但因為總量過量的關係，導致鸚鵡會去選擇牠想要吃的單一物件，反而造成變相的營養不良，而滋養丸本身就是以鸚鵡一天需求量身打造的乾料，會比綜合穀物更能提供鸚鵡一天需求的營養。通常這時候，若我知道牠本身是會吃滋養丸的鸚鵡，只是因為挑食而選擇不吃，那我就會只單給滋養丸，讓鸚鵡沒得選擇；但若牠本來就是不吃滋養丸的鸚鵡，那就要在每天吃的份量的總比例中，把滋養丸的比例逐步提高，讓牠有機會碰到滋養丸。當能選擇的食物種類變少，飢餓又是一種很不舒服的感覺時，會比較有機會促使鸚鵡勉為其難地去吃不喜歡的滋養丸；習慣吃滋養丸後，再逐漸把挑食的物件慢慢減少。

3 蔬菜、水果：如果你家的鸚鵡從小是喝奶長大的，長大後一樣可以保持餵奶的習慣，有助於維持情感上的親密度（但只能當點心，不能替代主食）。若能夠餵奶，當然就可以餵食蔬果汁，將我們人平常有在吃的

小提醒

有時候鸚鵡會因為吃完綜合穀物後，太多殘殼擋住了視線，沒看到杯底還有很多細碎的小型穀物，這不一定是挑食，飼主可以協助把上層的殼吹掉，這樣一來，鸚鵡也會比較有機會把所有食物吃完。

綠色蔬菜、水果打成蔬果汁，混著鸚鵡奶粉，就會是一個不錯的營養點心，但有些鸚鵡很賊，看到顏色綠綠的就會不喝，怎麼騙就看各位飼主的實力了。另外，若鸚鵡本身探索欲較強，也可以將蔬菜、水果當成玩具，掛在籠子內外，讓鸚鵡啃食，雖然會玩得有點髒，但比較能讓鸚鵡用消耗體力的方式完食。

最糟糕的就是鸚鵡本身對蔬果沒興趣，這比較可能是因為沒有吃蔬果的經驗，不然以蔬果本來就是甜甜的食物來說，應該是不太會有挑食的現象產生，因此製造成功經驗就

不愛整塊玉米，偏愛一口一顆的玉米粒。鳥奴們可以變化蔬果形態，找到鳥寶最愛的那一味！

將洗淨的蔬果放在淺盤中，讓鳥寶邊玩邊吃，還能順便洗菜菜浴！

會是首要目標。舉個實際的例子，以前服務的某農場，有一隻挑食的折衷鸚鵡，完全不吃蔬果，每次餵食都會先把玉米塊、香蕉塊、蘋果塊等等東西先通通丟掉，才開始吃杯子中的綜合穀物，但折衷鸚鵡是每天必須吃足夠蔬果的鸚鵡品種，單吃綜合穀物是不行的，絕對會影響健康。為了讓牠可以有吃到蔬果的成功經驗，我將所有蔬果都切成丁狀，混在綜合穀物中，讓該隻折衷沒得丟，並在吃綜合穀物的過程中，無意間吃到蔬果，製造了吃蔬果的成功經驗，往後我們再放完整塊狀的蔬果，就很樂意吃，不再丟掉了。

小提醒

蔬果提供的方式可以很多元，不管是前面提到的蔬果汁、果泥，或是切成丁狀、條狀，掛著、放杯子還是整顆完整給鸚鵡通通都可以。我就曾經聽說過某飼主，把一顆完整的新鮮百香果放進數隻小黃帽亞馬遜鸚鵡的籠子裡，牠們為了想吃百香果，可以跟那顆百香果搏鬥一整天，百香果可說是鸚鵡界的健達出奇蛋，好吃、新奇、又好玩，三個願望一次滿足。找到你家鸚鵡喜歡的方式，讓牠有事情做，蔬菜、水果也會是一個很棒的玩具哦！

講到食物就不得不提一下營養滿分的「鸚鵡丸子」，只要是克服上述挑食症頭的鸚鵡，都可以訓練食用鸚鵡丸子來補充營養。鸚鵡丸子的配方有很多，上網Google一定可以找到無限多種配方，但其實方法邏輯非常地簡單，基底可以選擇米麩粉、白飯等等較有黏性的食材，內容物不限，蒸地瓜、蒸南瓜、蒸胡蘿蔔、純辣椒粉、無調味五穀粉、泡軟的滋養丸等等很多很多，只要是鸚鵡可以吃的東西全部混在一起，能搓成糰狀就對了，直接吃或烤成餅乾通通都可以。但鸚鵡丸子超級營養，若因為肥胖，或是因為訓練正在飲食控制的鸚鵡就要克制或避免。另外，因為是新的食物，鸚鵡也會不知道那是可以吃的東西，若要製造吃到的成功經驗，可以比照上述蔬菜、水果的方式，混在原本的食物中讓鸚鵡不小心吃到即可。

這邊提供兩個鸚鵡丸子的食譜，大家不妨可以在家裡試著做做看！

馬克先生的料理教室～鸚鵡丸子 簡易版

● **準備食材**：熟地瓜、白飯、滋養丸粉。

● **步驟**：

1 先將白飯蒸熱，這樣白飯就會有水氣，最後才有辦法將滋養丸粉黏上來。地瓜只要是熟透的都會軟軟的，所以不管是烤地瓜還是蒸地瓜沒有差，你喜歡就好（因為剩的食材我們可以自己吃掉）。滋養丸粉就是將滋養丸放進食物調理機中打碎，或是放進袋子中用鐵鎚敲碎，完成後放在旁邊備用即可。

2 依照自家鸚鵡的體型大小，❶挖取適量的白飯，❷再挖取比白飯少一點的地瓜（因為白飯是丸子的主體，地瓜只是調味），❸並將兩者混合均勻，就會有一顆稍微黏手的丸子。

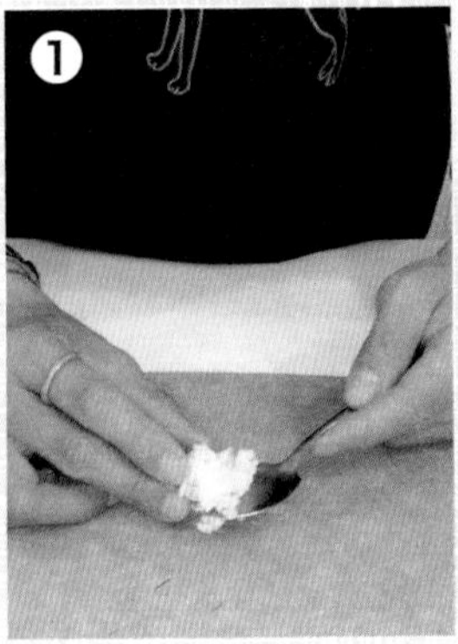

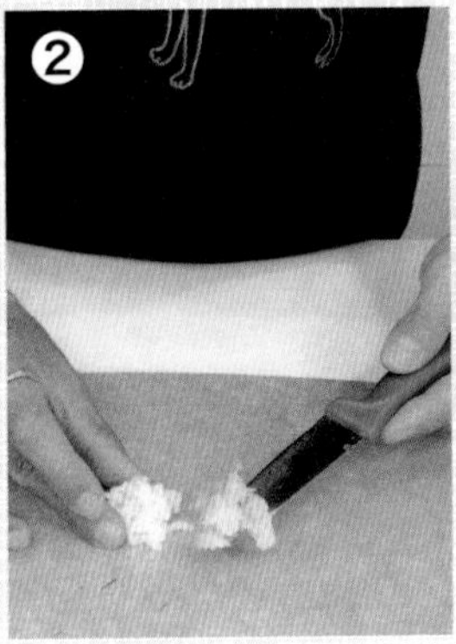

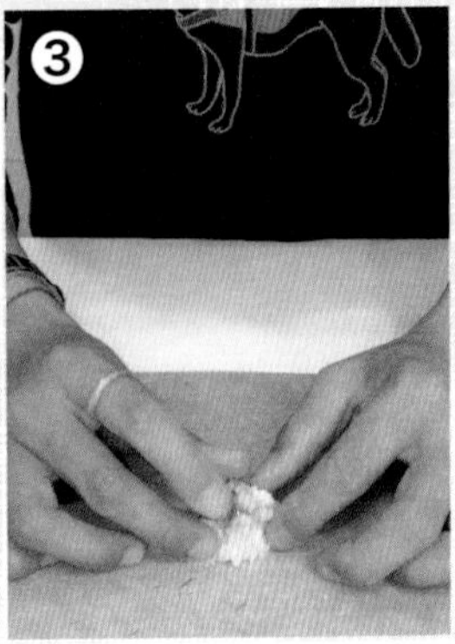

3 ❹舀出少許的滋養丸粉撒在黏手的丸子上，❺讓丸子外頭均勻裹上滋養丸粉，❻完成後靜置個五分鐘，讓滋養丸粉可以吸收丸子的水氣，就大功告成了！

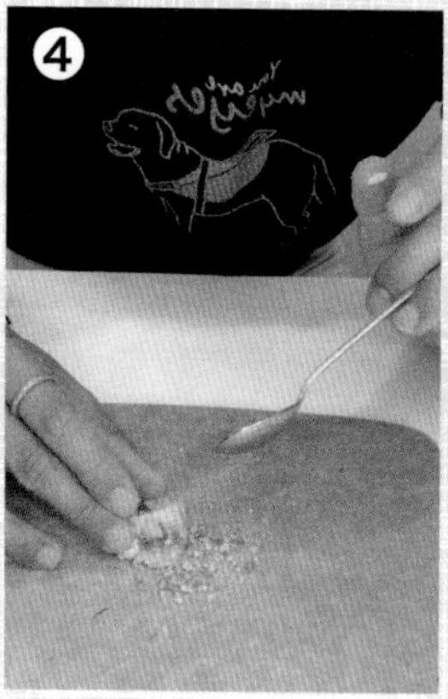

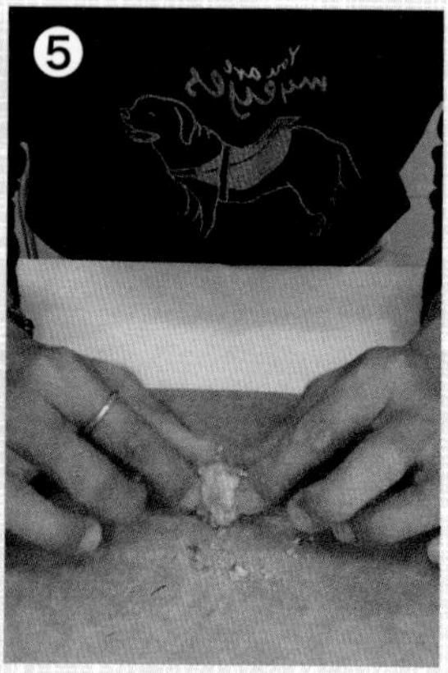

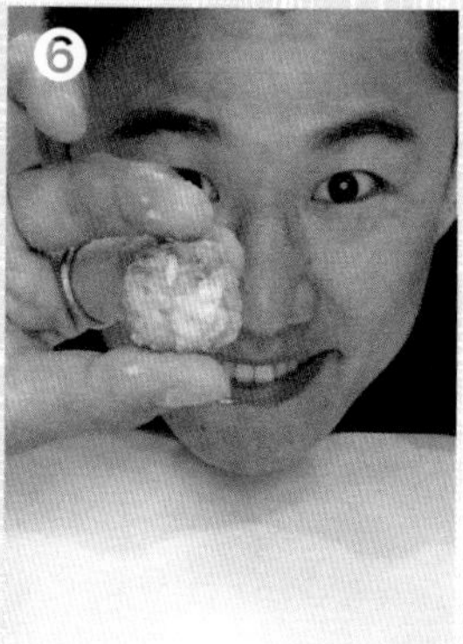

馬克先生的料理教室～鸚鵡丸子 進階版

● 準備食材：無調味五穀粉、無調味純辣椒的辣椒粉、鸚鵡奶粉、滋養丸、米麩粉。

● 步驟：

1. 以溫水泡一匙滋養丸，水量大概就是可以蓋過滋養丸再多一點即可。由於各家滋養丸的硬度不一樣，泡滋養丸可能會很久，簡直是等到天荒地老，所以十分鐘後再來檢查滋養丸軟了沒。
2. 將泡軟的滋養丸壓爛，連同原本泡的水，再加上一匙的五穀粉、一匙辣椒粉、一匙鸚鵡奶粉，接著全部混在一起，若太乾可以加水，變成一碗糊糊的粥。
3. 以米麩粉將前面拌好的粥狀物收汁定型成麵團樣，最後搓成球狀即可。

小提醒

簡易版跟進階版的食材可以交替使用，或是更替使用，例如地瓜我就會換成切碎玉米、香蕉、木瓜，或南瓜等，質地濕濕黏黏的又有不同的營養，或是將兩個食譜合在一起變成超級進階版通通都可以，總之鸚鵡丸子沒有特定食譜，只要能成糰就是及格，所以我並沒有提供標準化的量，大家可以在家試試看。

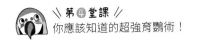

六

什麼？咬毛了！（非疾病造成）

「馬克老師，我家鸚鵡咬毛了怎麼辦？」其實碰到這樣的問題，跟咬人的狀況一樣，我一定會先瞭解「你怎麼知道牠咬毛了呢？」，並不是說我要去質疑飼主的看法，因為鸚鵡換毛、整理自己的羽毛很正常，一天當中甚至會掉兩、三根大型飛行羽或尾羽

為保護當事鳥，本照片以馬賽克處理。

都有可能，但飼主焦慮亂猜、自己嚇自己的人真的太多了，所以我認為大家應該要冷靜去面對這件事情，從標準化的規則來判斷是不是真的咬毛了，可以觀察以下兩點：

❶ 身體的羽毛：通常初期咬毛都會先咬腹部、翅膀或是背後的羽毛，比較會是小片的羽毛，不是飛行羽或尾羽這種大羽毛。可以觀察到這些羽毛雖然都還在身上，但缺角很明顯，不是完整的圓弧形；或是全身的羽毛型態非常的凌亂，不是順著的在身上；或觀察看看鸚鵡身上有沒有被啃斷的大羽毛，而且斷面有被咀嚼過的殘碎感。

身上的羽毛已經被咬得亂七八糟了。

思考與練習

你的鸚鵡為什麼會咬毛呢？理解需求才是解決問題的首要條件，也才能治標治本，對症下藥。

2 掉下來的羽毛：如果是飛行羽或是尾羽這種大羽毛，可以觀察羽毛梗的地方是不是完整的？有沒有斷面？或是斷面有沒有咀嚼過的殘碎感？若掉下來的是小羽毛，是完整的？還是碎碎的？都可以做為判斷的依據。不過如果是長尾品種的鸚鵡，像是金剛鸚鵡、錐尾、月輪等等，尾羽有可能會因為在籠子內活動折斷了，在那邊擺來擺去，鸚鵡就可能會看那根羽毛不順眼把它咬斷，或是當玩具玩，但這個斷面通常會很整齊，所以要觀察一下。

羽梗很明顯就是被咬斷的，有咀嚼的痕跡。

思考與練習

你家的鸚鵡「真的」咬毛了嗎？先冷靜一下，仔細觀察家中鸚鵡的羽毛，從上述兩點，還有下頁檢核表中的說明來做比對就可以確認了唷！如果很不幸，牠真的咬毛了……那就接著來看，咬毛後我們可以怎麼處理。

檢核表

咬毛	再觀察
胸口、肚子、翅膀等地方已經光禿禿。 	禿頭。 （這一定是別人咬的好嗎！） 
身上的羽毛不是圓弧形，有不規則缺角。 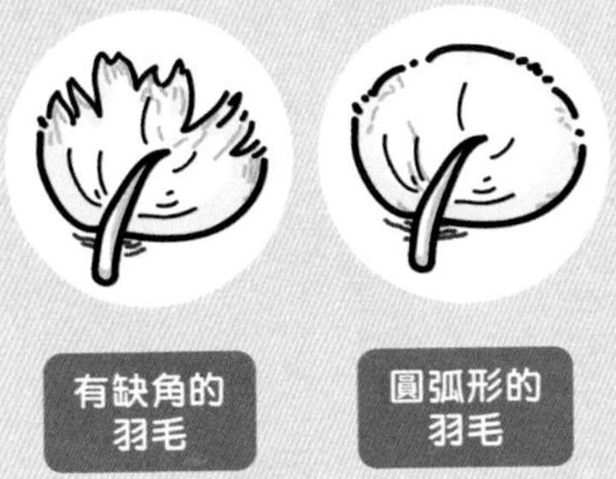	少數幾片破了。 

接下頁

咬毛	再觀察
尾羽的斷面有咀嚼痕跡。 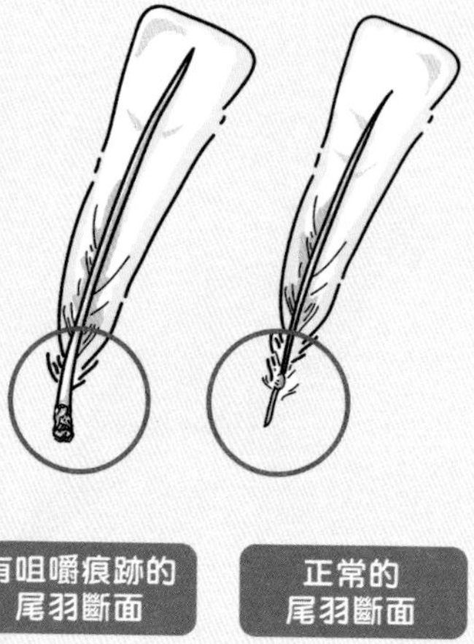 	喜歡在籠底走來走去導致尾羽毛很亂很醜。 
掉在地上的羽毛是碎的，或是羽梗是碎的。 	掉在地上的羽毛是一整片完整的，或只有絨羽。 

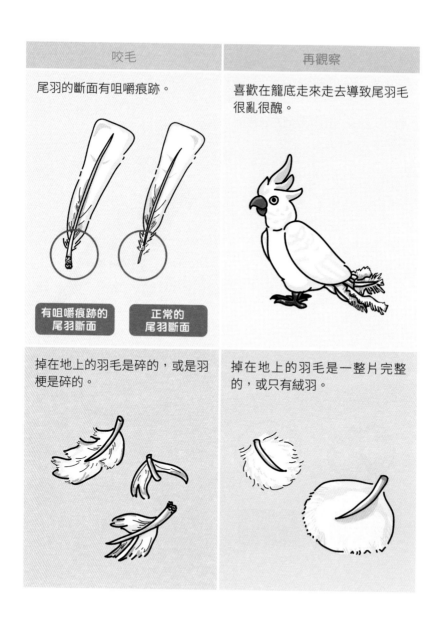

鳥寶咬毛怎麼辦？

心理因素咬毛，基本上很難救，因為就是飼主不知道怎麼照顧，或是用自己認為方便的方式照顧，才會導致這個有問題的心理狀況。我曾經就遇過一位飼主，她的藍黃琉璃金鋼鸚鵡咬毛狀況非常嚴重，而且伴隨著各式各樣奇怪的問題行為，她告訴我她「不知道」鸚鵡需要玩玩具。與其處理咬毛的行為，預防勝於治療，如果一開始就能以正確的方式飼養鸚鵡，基本上就能夠預防大部分鸚鵡的咬毛行為，你也省去處理問題行為的麻煩手續，所以我認為要成為一個負責任的主人，好好的照顧鸚鵡、瞭解鸚鵡，基本上就能預防咬毛了。但我也必須強調，因為每一隻鸚鵡都是個體，就像我們每個人都有自己的獨特習慣、個性一樣，所以鸚鵡咬毛的方式真的千奇百怪，縱使你用飼養觀點認為很正確的方式照顧牠，牠個人不喜歡也有可能還是因此咬毛，所以飼主做好該做的功課，會是這篇我想要強調的。當真的遇到家中鸚鵡咬羽毛了，以下提供幾種改善方式：

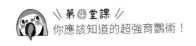

❶ 另外一隻鳥：再次強調，我從來不認為養第二隻陪伴原來的鳥是一個很好的策略，因為這通常是人類的一廂情願，也容易會衍生新的問題行為，甚至產生對立；換位想一想，你住在房間好好的，有得吃有得睡，雖然無聊但還算習慣，突然有一天，房間多住進了一個室友，不一定是你的菜，睡你床，搶你零食，沒事還會打你、找你吵架，想到我就覺得有點不太爽了，你說是不是？當然上述是模擬一個不好的狀態，但相反的，牠們的感情太好，可能會有過度理毛的問題，造成另一隻鳥禿頭，或是讓母鳥產生太想替對方生小孩的欲望，有咬下羽毛去築巢的行為，那就記得要分籠飼養了。

❷ 陪伴品質：鸚鵡在家一整天，每天面對一樣的牆壁、窗外，等你等到天黑了，一整天體力無法消耗，呆滯地關在籠子，日復一日、年復一年，晚上準備要睡覺了，還有一個奇怪的人會來找自己（想想，牠還不一定喜歡你去找牠呢）。再次強調，常見飼養的鸚鵡品種，都是群居性動物，如果沒辦法一整天有其他家人理牠，也沒有其他動物分散注意力，牠要不咬毛真的很難。

3

玩具：玩具的用處，不是用來取代另一個生命去陪伴鸚鵡的附屬品，但玩具會是消耗體力很好的物品。玩具的選擇往「好破壞」三個字去想就對了，樣式也可以很多元，保持玩具的新鮮感。建議觀察家中鸚鵡對玩具的需求，需求性低的鸚鵡可以選擇好破壞即可，然後更換頻率可以少一點，例如像黑瓜適應新玩具就很花時間，所以我就不太會更換玩具，不過會更換玩具在籠子內的位置；但若是需求性高的鸚鵡，就可以時常更換玩具並選擇材質堅固，較為困難破關的材質，例如不鏽鋼玩具可以與籠子敲擊出聲音，有些鸚鵡就會很喜歡，或是像前面章節有提過的新鮮百香果，比較難咬破但又充滿吸引力；另外就是覓食型玩具，或是在籠子內設置多一點機關，讓鸚鵡以不是很舒服的姿勢去把當

天的食物找出來吃完，除了消耗體力，還能消耗腦力，不過新機關記得要先指導鸚鵡去找，不然當天的食物量會吃不夠。玩具款式在實體或網路店面的選擇很多，也可以自己製作，記得觀察鸚鵡玩的情況以及選擇合適的更換時間。

若想要自己製作玩具，除了「好破壞」這個關鍵字以外，可以選擇各式各樣安全的素材，例如我常會購買小型犬用的潔牙骨或是鈴鐺球，綁在一起當作鸚鵡用的玩具；另外，要知道寵物店買的現成玩具有多貴，身為有傳統美德，以節省當作家訓的客家人，我也會將黑瓜已經玩壞的舊玩具回收加工再利用，舊玩具也會變得煥然一新。不過製作玩具要注意卡腳的問題，例如鈴鐺球就要注意腳趾會不會卡進去？或是繩子材質會不會太鬆而卡住腳趾？如果是的話就建議要將繩子以三股編綁緊後，再纏上玩具使用。

❹ **伊莉莎白頭套**：可以使用軟資料夾、或是護貝膠膜，類似這樣軟硬適中的塑膠片，依家中鸚鵡的體型先裁切一個大圓，然後依照鸚鵡的脖圍，在大圓的中間再剪一個內圓，內圓要比脖子大，比頭及下喙小，才不會影響到進食跟吞嚥，也不會這麼快被拆掉。這樣就會有一個甜甜圈的形狀了，接著再從圓的某一邊切開，只要將外圓重疊就可以產生一個漏斗狀的頭套，而內圓到外圓的長度能蓋過翼角即可（請參閱下頁伊莉莎白頭套製作方法）。

由於內圓就是要套在鸚鵡身上的地方，因此，在內圓的周邊，可以貼上水電用電火布膠帶，或泡棉膠帶，減少戴在脖子上的切割感。戴在鸚鵡身上時，請旁人先將鸚鵡保定再套入。頭套的角度基本上比較大圈的那一邊朝下（請參閱下頁伊莉莎白頭套製作方法），除非你的鸚鵡實力太過堅強，才會選擇往上戴，或是同時戴一上一下兩個項圈。

伊莉莎白頭套製作方法

準備材料：剪刀、護貝膠膜或資料夾等軟膠片、電火布膠帶或泡棉膠帶。

1 以家中鸚鵡的體型裁切一個大圓（請參閱下方小叮嚀）。

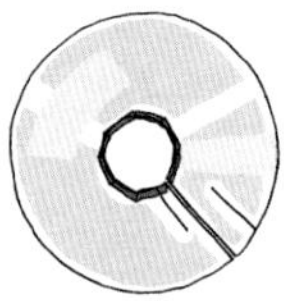

2 依照鸚鵡脖圍在中間再剪一個內圓。

3 在某一角切開。

4 在內圓周邊可貼上電火布膠帶或泡棉膠帶，減少脖子不適。

5 將圓圈圍起成漏斗狀。

6 外圓的圍度依照鸚鵡的體型，內圓的圍度要比脖子大，比頭及下喙小，才不會影響到鸚鵡進食跟吞嚥，也不會這麼快被拆掉。

小叮嚀 大圓的半徑，大約是從頸部到腹部的距離，可以目測或利用手指、鳥寶熟悉的小米穗大概比對一下，就可以知道長度囉！

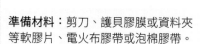

壓力紋跟壓力有關嗎？

我們先來定義一下「什麼是壓力紋」？壓力紋的說法眾說紛紜，有些人說是營養不良造成的，有些人覺得是環境緊迫造成的，但我個人認為跟這兩個原因都沒有直接關係，單純提出一下個人觀點，大家可以一起來思考。我服務過的鸚鵡機構有三家，經歷過上百隻成鳥及雛鳥，我觀察到：

1. 亞成鳥幾乎都會有壓力紋，這基本上是大家都有的共識。
2. 一起飼養的成鳥跟平時是分籠飼養的成鳥，後者比較容易出現壓力紋。

如果是環境緊迫，這三個地方的鸚鵡都有在表演，為什麼會有壓力紋不平均的情況呢？再來營養條件，這些地方的鸚鵡都吃得超級無敵好，不可能有營養不良的問題；雛鳥更不用說了，鸚鵡奶粉營養非常均衡，況且幼體長大的過程都待在飼育箱裡，承擔了什麼壓力？

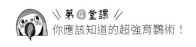

我從大量照顧與觀察雛鳥的經驗當中，延伸出一些不同於傳統對壓力紋的說法。

雛鳥在長大的過程不是吃，就是睡，當長大到某個階段，雛鳥全身會開始長出尖尖的小羽管，就像小刺蝟一樣；等到再大一點，這些羽管就會從羽管末端尖尖的地方開始逐漸成熟，因為角質化的關係會自動爆開，而比較長的羽毛（例如飛行羽、尾羽）長得比較久，又因為雛鳥年紀還小，還不會幫自己整理羽毛，所以造成已經成形的羽毛該要被定型了，卻還被羽管緊緊地束著，以致當所有羽毛長齊，羽管也都被整理開來時，就產生了很整齊的勒痕，所以你會發現亞成鳥的壓力紋在翅膀側邊跟尾羽的地方會特別明顯。

也因此，我個人認為亞成鳥階段的壓力紋，只不過是雛鳥階段，還不會整理羽毛，羽管爆開不完全，導致羽毛被壓出來的痕跡罷了。

延伸沒有整理到羽毛的關係，大家也可以觀察一下自己家裡的鸚鵡。如果剛好，你們家的成年鸚鵡是單身，或是沒有跟其他鸚鵡同籠飼養，而且又剛好牠忘記了自己某根新長的羽毛沒整理到，還放很久了（我看過好多金剛鸚鵡特別會忘記自己的尾羽……），可以用人為的方式協助剝開來看看（很舒壓、很好玩，而且很臭～），就很容易在那個部分觀察到壓力紋。

既然壓力紋有可能是羽管壓出來的痕跡，那我認為大家可以冷靜看待壓力紋這個東西，不必大驚小怪。但這畢竟是個人觀點，沒有科學依據，所以丟出來一個議題，大家一起來思考看看。

黑瓜沒有整理的尾羽

撥開羽管幾天後即產生壓力紋

飛行衣與如廁訓練

養鸚鵡最帥的時刻，就是鸚鵡上肩膀到處遛達，絕對可以吸引超多人的目光，但負面效果就是你會發現這世界上怎麼會有那麼多笨蛋，一直把你肩膀上的鸚鵡誤認為是鴿子啦、雞、鴨之類的鳥禽，除此之外，你的衣服上絕對會有很多鳥屎。那既然這樣，有什麼方式可以避免衣服滴滿鳥屎呢？若你現在手邊飼養的是一隻幼鳥，越小開始越好，可以讓牠開始練習穿著飛行衣，若是已經會爬上爬下，稍微羽成的幼鳥，可以穿上飛行衣後進行餵食，或多帶牠出去散步，讓牠感覺開心，尤其要有種「穿上這個，等會兒就會有好事發生」的聯想最好。

若家中鸚鵡已經是成鳥了，以比較強硬的減敏術來說，硬逼牠穿上，讓牠適應身上的飛行衣也是一種方法，但這種直接把動物推進地獄，逐漸進入習得無助狀態的方式一向不是我訓練的風格。既然如此，環境控制就會是主要避免動物犯錯的最好方法，因此訓練讓鸚鵡學會聽指令上廁所就會很實用了！方法如下：

❶ 抓準鸚鵡上廁所的時間：小時候曾經聽說過「鳥類因為沒有肛門，所以不會憋大便」，意思就是一種只要鳥的屎意正濃，就會立馬噴出來這樣，我真的好想大唱中國娃娃的神曲「大錯特錯～不要來～污辱我的美」（立馬透漏了年齡啊干）。鳥類確實沒有肛門，那個看起來類似屁眼的地方叫做泄殖腔，我聽過一種說法是，鳥類之所以不太憋大便，是因為要隨時保持在飛行中減輕重量，但我對這種說法存有質疑，我比較相信自己的觀察，縱使每種動物都會有各自特殊的如廁規則，但憋不憋大便，我認為只不過是野生動物沒有需要刻意在野外尋找一個特定位置罷了。

舉一個例子，某天我與朋友約去踏青，但我睡過頭了，所以一早黑瓜就被直接從籠子裡塞進牠的提籠裡帶出門，沿路我也都在飆車，牠可能在裡面有點緊張，等我到了目的地，把牠帶出來上腳鍊，到處逛了幾個地方，我才發現牠在我的包包上拉了一大～～～坨大便。如果有飼養鸚鵡的朋友一定觀察過，鸚鵡一早起床的大便有多大坨，甚至會懷疑牠這麼小的身體裡哪存得了這麼多大便?如果照鳥類無肛門沒辦法憋大便的說法,鸚鵡怎麼有辦法整晚好睡不大便,然後黑瓜沿路因為緊張還多憋了快半小時出來才大呢?所以鳥類不能憋大便我認為不是正確的說法,既然能憋,我們就要瞭解牠平均多久會大一次。可以找個悠閒的午後,就看牠大概多久會大便一次,十五分鐘?還是二十分鐘?抓個大概的時間,只要跟鸚鵡互動的時候,時間到了就帶牠到你指定的位置,例如讓牠站在垃圾桶邊,或是廁所專用站架,等牠大出來立刻稱讚牠,給點零食獎勵也可以,讓牠能開心並感覺得到好處。

❷ 指令的建立:其實抓準時間,與指令建立沒有先後順序,可以同時進行沒有衝突。只要知道牠什麼時候確定會大便,就可以加上指令與獎勵,就能建立鸚鵡對指令的遵從。我會建議飼主,早上牠剛睡醒的時候訓練會是最好的時間,因為百分之百絕對會大便,憋了一整晚大便很大坨,而且一上出來還會被稱讚,鸚鵡的爽感又特別高了。我通常會準備好一個固定站架,鸚鵡一出來就會站在那邊,接著開始念指令(假設指令為便便),我就會一直念便

便，直到牠真的大出來為止，然後立刻稱讚牠，我也會讓黑瓜立刻上我的頭（那是牠最愛的位置），我再悠悠哉哉地走去浴室刷牙洗臉。配合一開始抓準的時間，以一樣的方式，時間到了讓牠到指定位置，然後不斷地念指令直到牠大出來，大出來後立即稱讚並讓牠繼續開心地玩。

❸

風險：等到你確定鸚鵡能夠瞭解指令大便，通常時間到了，不管是在哪個位置，都有辦法屎意一來，聽到指令就上出來。但當你確定牠能聽指令大便，而且在這個應該上出來的時間，牠也有做出蹲的動作，但還是上不出來的話，就別逼迫牠了，讓牠繼續的玩，因為過度用力可能會導致脫肛，我觀察尤其是綠翼紅金剛鸚鵡特別容易掉出來，所以一定要留意。

另外，也聽說過一種說法，就是鸚鵡訓練聽指令上廁所後，沒聽指令就不敢上，以至於在籠子內憋屎憋到生病死掉的案例。由於在我自己訓練的過程，以及輔導過的經驗，尚未有見過這樣的案例，但也不知道那隻鸚鵡是受過怎樣的訓練，導致對於沒有指令就完全違背自己的感覺，不處理生理反應。因此這或許是可能會發生的事情，請飼主斟酌訓練方式，以正向鼓勵之外，千萬不可太過以訓練為重，而忽視了鸚鵡的身心健康，訓練指令廁所是，其它項目也是如此。

4

不要責備：縱使牠已經學會聽指令大便了，但有時候可能腸胃狀況不一樣，或是我們放在肩膀上太久，忘記時間到讓牠下來聽指令大便，一不小心便在你的衣服上、頭髮上，千萬不要責備牠，因為聽指令大便只是讓牠學會現在這個位置不適合大便，讓牠學會多憋一下，所以牠不小心便在我們身上是我們飼主的過失，千萬不行責備，而且前面有提過，獎勵與懲罰要在行為當下進行，等你發現身上有鳥屎，也真的來不及了，你說是不是啊！

思考與練習

每天早點起床，趁天還沒亮，一開燈就可以去帶鸚鵡上手，到你指定的位置，並且下指令讓牠上廁所吧！一開始的訓練希望以目標點為主，例如特定站架就是很好的選擇，或是帶到垃圾桶去，或馬桶都可以。如果你偷懶如我，很難早起床，也可以前一天晚上讓鸚鵡睡覺的空間維持暗一點，早上必須要你去拉窗簾，牠才會發現已經白天了，你也較能抓準時間帶牠去聽指令上廁所。

住

量身打造的舒適鳥宅

網路通訊便利之後，世界的距離變小，聯絡世界各地的人也變得很方便。小時候曾經認識一個日本網友，兩個人語言沒有很通，只能透過視訊拿一些彼此書桌上有的垃圾給對方看，或是問一些沒營養的生活話題，例如當時正值秋冬，我們這種住在南方的人，總會幻想日本這種會下雪的溫帶國家到底有多冷，當我問他現在日本幾度呢？他回答：「十六度」，我心想O！M！G！天啊，就回他說：「十六度，好冷喔！」然後他回答我：「一點都不冷。」讓我對住在溫帶國家的人的幻想更上一層，想說他們到底有多耐冷！等到有一年十二月，我到京都旅行，當時氣溫十四度，我才真的瞭解當時網友說的十六度還真的一點都不冷！臺灣雖然四季分明，但因為潮濕的關係，夏天會顯得超級無敵熱，冬天又超級無敵霹靂冷，真的是冷到骨子裡的那種冷，非常不舒服。而各位稱職的鳥奴們，總會擔心主子會不會冷？會不會熱？要不要吹冷氣？其實，這些外來種動物能夠在新的地方生存，一定是這裡的環境還在牠們耐性能夠承受的程度，但在追求寵物宛如家人，生活必須要開心、舒服、健康的現代，我還是歸納了兩點，關於飼養鸚鵡最基本在環境上需要控制的部分。

1. 溫度管理：溫度的部分，在管理上非常簡單，只要我們人在當下季節，穿著合宜的衣服，可以不痛苦待著的溫度，基本上這些動物都還受得了。夏天保持室內通風，電扇維持循環狀態，不要直接讓鸚鵡對著風吹就好；吹冷氣的話，以人想要吹為基礎，然後讓鸚鵡籠子放在不會直接被冷氣風噴到的地方即可，如果牠想要到處跑那就隨意牠，牠會找到一個牠覺得最舒服的地方待著。冬天的時候，如果籠子在室外，建議放進室內，不要直接吹到風的地方，非得在室外的話，那籠子周邊可以包帆布，或是用紙箱擋著，不要直接吹風。除非你住在山上，濕度高又更冷，不然還是以人想吹暖氣，或是開電暖扇為主，保持人覺得舒服的溫度即可。

2

保持清潔及乾燥：一般飼主家中大概就一、兩隻鳥口，只要維持在我們人也覺得舒服的環境，鸚鵡基本上也可以活得不錯。但是……我看過不少飼主，屎盤都沒有整理，混合著鳥屎、掉下來的食物、噴出來的水，很容易孳生蚊蟲，也可能會引來老鼠，請務必頻繁地整理，至少一天一次。但對於鳥口數眾多的飼主來說，通常會特別隔出一間房

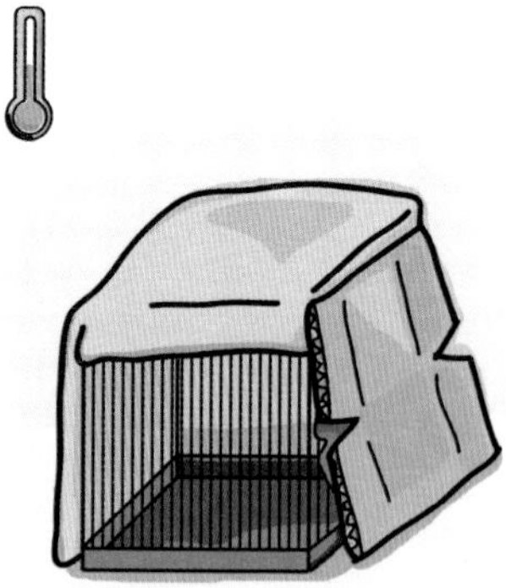

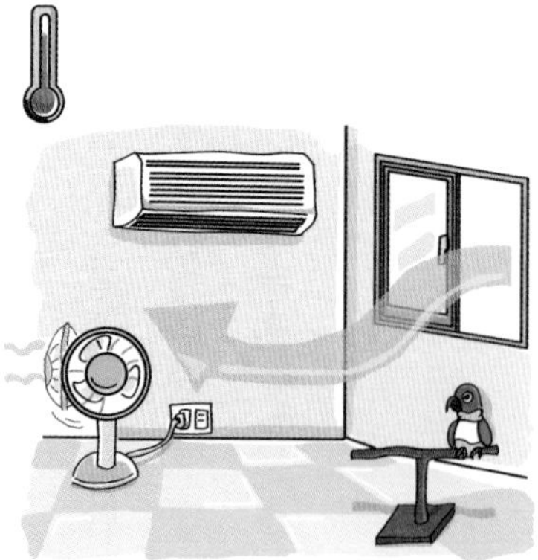

間，把所有的鳥口都集中在那裡，髒亂程度就會是一般飼主的加倍，整理上就必須花更多的心思。清潔整理上也一樣，能的話每天都要清理屎盤，另外也建議一週至少一次的大清潔、消毒，平時維持通風及乾燥，雨季的時候開除濕機，平時也可以開空氣清淨機，這樣對人及鳥的健康都有好處。

鳥寶也要洗澎澎

如果你家裡有位潔癖的母親，有沒有幫寵物洗澡就會是常常被囉嗦的問題（對，媽，我在說你）。但寵物要多久洗一次澡真的是沒有絕對的答案，整潔派的覺得最好每週洗，自然派就覺得久一點沒關係。如果要我說的話，我的答案是隨便你（有講跟沒講一樣啊！），應該是說，考量個人生活習慣、天氣狀況，還有寵物本身的身體狀況（我有遇過某間動物醫院的助理，他告訴我他們醫院某隻十來歲的店貓，這輩子洗過的澡應該不超過三次……當然他們有做其他整理啦，例如刷毛）。

鸚鵡洗澡好處多多，可以清潔掉身上的羽粉，也可以軟化新生羽管的角質，尤其頭上跟臉部，這些鸚鵡自己比較整理不到的地方，透過洗澡軟化角質後，會比較容易脫落。我個人在安排鸚鵡洗澡的時間，一定是當天風和日麗，而且我很有空的時候，因為幫鸚鵡洗澡除了上述的簡易清潔目的以外，我認為讓牠們可以有機會曬太陽是很重要的！曬太陽好處多多，經由陽光中的紫外線照射，可以讓維生素D3的產生幫助鈣質吸收，因此平常就可以曬太陽，但就帶著一種順便的心情，幹嘛不就洗洗一起曬你說是不是~而且順便可以洗曬籠子，所以是一種一舉數得的

懶人套票行程概念。只是洗澡這種感覺很平常的行程，還是有很多人不知道確切要怎麼幫鳥洗澡，所以這邊也幫大家整理了一下要注意的事項：

1 幼鳥不用洗：還沒有羽成的幼鳥，我知道～～～很髒，而且正好是羽管大爆發的時候，羽管屑超級無敵多，超多飼主都問我可不可以幫幼鳥洗澡，這答案當然是不行的！因為幼體的體質不像成體強健，所以風險太大，當然還是小心別洗為妙。除非因為喝奶不小心噴得全身髒兮兮，利用濕紙巾擦拭即可，不需要洗澡。

2 一年四季都可以洗：前面有提到，幫鳥洗澡目的之一是要曬太陽。臺灣的氣候夏天當然沒問題，冬天的時候狀況不定，有時很冷，有時又還可以穿短袖及薄外套出門，所以依照當時天氣狀況而定，寒流來的時候還是避免，以當天天氣風和日麗為主，不然鳥冷你也冷，而且羽毛沒曬乾的話真的會很臭！我不騙你！

3 不需要用清潔劑：帶鳥洗澡前，先讓鳥在外面曬一下太陽，讓鳥感覺有點暖暖熱熱的，使用園藝花灑或蓮蓬頭，將水往天空噴，製造出像是下雨的感覺，鸚鵡就會開始玩水了。若家裡沒有花灑，也可以用一般的水管，將水柱噴向旁邊的牆壁，或是籠子的站架，製造間接水花，鸚鵡也會享受那樣被噴到的感覺。但如果鸚鵡沒有很享受洗澡也沒關係，羽毛有用濕就好。

4 注意防曬：曬太陽當然很好，但小心曬過頭！我通常會在籠子的一個小角落蓋上毛巾，旁邊也會準備足夠的飲用水，鸚鵡感覺熱了就可以過去喝水還有

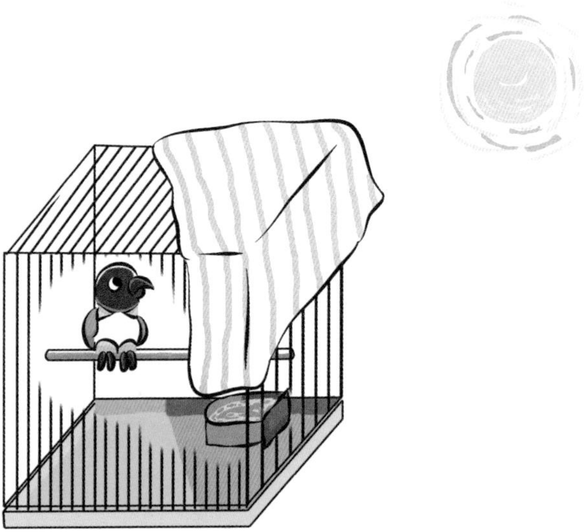

躲太陽。曬太陽的過程中，飼主也要在附近觀察，除了觀察天氣溫度的變化防止曬傷，更要觀察鸚鵡有沒有曬到開始有喘氣的樣子，若有的話，記得趕快帶回室內。提醒大家，在室外曬太陽，也一定要留意籠門是否有鎖好以免鸚鵡開了門飛走，或是留意有心人士整籠帶走，更是要避免被其他動物攻擊，我有朋友的金太陽，就是因為沒看過老鷹，老鷹靠近籠子時還想跟老鷹搏鬥，頭頂就被老鷹尖尖的喙開了一個大洞……

5

吹風機：通常在曬太陽的過程中，鸚鵡也會整理羽毛。只是有時候會發現，翅膀內側以及雙腳內側（也就是腋下跟胯下）容易因為曬不到太陽而還沒有乾，不要試圖用毛巾去擦鸚鵡，除非牠特例很喜歡，不然毛巾對鸚鵡的威脅性很大。我通常會將吹風機拿在一個遠遠地，鸚鵡可以吹到暖風的距離（請不要問我要有多遠，因為每一臺吹風機的風跟溫度不一樣，我就曾經在剪頭髮的時候，隔壁的隔壁客人在吹頭髮，然後我被那臺吹風機的風掃到臉，嚇了一大跳這樣……），讓鸚鵡自己喬角度來吹牠的身體，我們的手也可以放在鳥身體的附近感受吹風機的風會不會過熱。若你的鸚鵡是可以給摸的，我們的手也可以在吹風機吹的時候幫牠撥撥羽毛，除了測試溫度會不會太熱，也可以幫忙把羽毛給撥乾。

剪羽？還是不剪羽？

你是剪羽派嗎？還是認為鸚鵡身為鳥類，就應該到處飛來飛去呢？這問題吵太多年了，我今天也沒有打算給一個明確的答案，因為各個立場都有其優缺點，例如說鳥類確實要透過飛行，牠的心肺功能才會比較好，但是大部分的飼主不會指導飛行，鳥不是飛出去餓死，就是在家撞牆、撞玻璃慘死；或是一般飼主不太可能像訓練師一樣這麼嚴謹，很容易一不小心就通融了問題行為，而會飛的鳥通常比較難管理，更會加成問題行為的嚴

重性。但這本書總要服務多一點面向的讀者，我還是要跟大家說明剪羽毛的方法（所以不剪羽派的人可以直接跳到剪趾甲單元（請參閱頁108）。

鳥的飛行羽會分成初級、次級、三級，我們主要會討論到的是初級與次級。初級飛行羽位於翅膀的最外端，由外往內數的前十支飛行羽，形狀比較修長，主要掌管飛行；次級飛行羽就是接續初級飛行羽後的十支飛行羽，形狀比較圓鈍，主要掌管降落。由此可知，當我們要弱化鳥類的飛行能力，要剪的位置是哪裡呢？答案是：初級飛行羽（答次級飛行羽的回去跟國小老師道歉）。剪飛行羽有一個大原則，就是「製造翅膀兩邊的不平衡」，就好像你只有一隻腳穿著恨天高的高跟鞋一樣，雖然行動上還是會走，但走不好，自然會小心慢慢走。例如初級飛行羽，從外往內數是一到十支飛

思考與練習

你是「剪羽派」？還是「不剪羽派」？我愛吃新貴派～（有人想知道嗎 😐）別再吵了啦！雙方的立場都有優缺點，上網搜尋文章也不少，看完文章後可以思考看看，哪一派的說法可以打動你呢？

行羽，左邊翅膀剪四、五、六、七，右邊翅膀則剪七、八、九、十，或是你想在兩邊翅膀的初級飛行羽剪怎麼樣的組合都可以，總之兩邊不平衡才是重點。

當然剪法流派也是很多，我也曾經被問過：「製造兩邊翅膀的不平衡，聽說會讓鳥因為不平衡而摔傷。」如果看到這邊，還有這樣的疑問的話，請再把這章節讀十遍，然後回去跟國小老師道歉！再次強調，剪羽毛是為了弱化飛行能力，只會修剪主要掌管飛行的位置，也就是初級飛行羽；掌管降落的次級飛行羽還留著，不可以剪，而且以我們人類飼養的空間高度，還不太至於會導致摔傷，或許還是有可能，但不能篤定就是因為剪不平衡造成的。就好像我有牙齒跟嘴唇，我常常吃東西會咬到嘴唇，不能篤定地說「是因為我的唇齒結構有問題」吧，也有可能是因為邊吃東西邊講話造成的啊，所以關係要搞清楚。再來，剪羽毛的時候，也要注意羽毛的狀態，若還是剛新長出來的羽毛，羽梗靠近身體的地方通常還會帶有血色，光用手碰到那個位置，鸚鵡就會哇哇慘叫了，所以那個羽毛剪了肯定會爆血，一定要留意。

另外我也常常被問到，剪羽毛會不會痛？雖然羽毛跟頭髮一樣都是身外之物，但飛行羽跟尾羽其實比較類似趾甲，剪對位置不會痛，但用拔的肯定是天殺的痛了；再來，剪羽跟剪翅是不一樣的，剪羽是把羽毛部分位置剪掉，一段時間後，羽梗就會脫落並長出新的飛行羽，但剪翅是剪掉最外側一節的指骨（就是吃雞翅最外側小小的那一節），那就是永遠都不會再長出來了，而且肯定會很痛的。

剪趾甲沒這麼恐怖，來挑選個適合的站棍吧！

剪趾甲是飼養過程中很平常的事情，其實真的沒什麼好教的，簡單來說就是準備好止血粉，保定完成，把趾甲尖端，刺人皮膚很痛的那個尖尖的地方剪下來，真的不用剪太多，金剛鸚鵡剪下來的趾甲有兩公厘已經算剪很多了，小型鸚鵡當然以此類推要修剪的幅度更小（鳥嘴太長

也差不多是這個剪法）。OK，教完了～，但這樣寫肯定會被出版社退貨，覺得我在浪費版面。身為一位兼具才華與顏值的動物訓練師（想吐的趕快去我等你），當然還是要分享一下關於修剪趾甲的經驗：

1 不要強壓鸚鵡的腳掌：除非你的鸚鵡被你訓練得很好，可以完全不用保定就能把腳伸出來給你修剪，或是用銼刀磨，不然基本上剪趾甲通常要兩個人合作，一個人保定鸚鵡，另一個人負責修剪；或是像我家只有一個人會保定的話，我就會用布包住黑瓜代替保定，只露出腳的部分趕快剪完。剪趾甲需要很高的專注力，但這個時候鸚鵡很容易掙扎，修剪人如果太緊張，就很容易把鸚鵡的腳掌握得太緊，這就會有個風險，當你不小心失手剪得太多，血會流不出來，會不知道鸚鵡已經受傷了，等你的手一放開，就會開始無止境地流血，所以一定要注意。

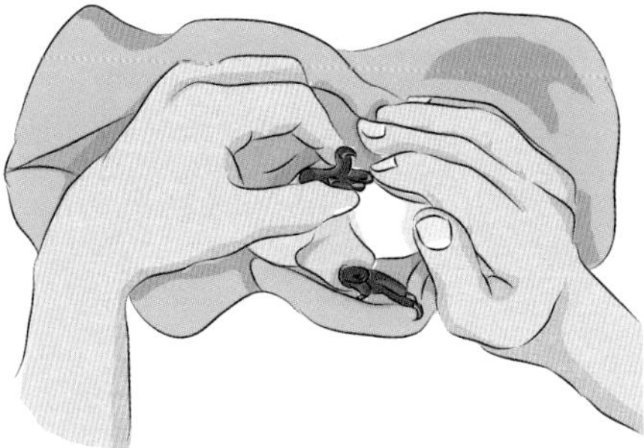

❷挑選合適的站棍：無論是籠養鳥，還是站立式鳥架，一定至少會有一根專門給鸚鵡站的地方，畢竟鸚鵡一整天都會站在站棍上，因此挑選合適的粗細就很重要了。一個合適粗細的站棍，當鸚鵡站上去的時候，腳趾握起來會差不多快碰到，但又沒有碰到，站棍太細或太粗，長期站在上面，就會讓鸚鵡站得很不舒服。

目前市面上有一種站棍產品叫做「磨趾棍」，若是籠養鳥，我會建議籠子夠高寬的話，多放一些不同粗細、不同角度、不同高度、不同材質的站棍，讓鸚鵡可以在裡面爬來爬去，有多元的選擇，而磨趾棍就會是其中一個選擇。磨趾棍要挑選一支稍微略粗的尺寸，放在鸚鵡一定會走過去的位置（例如我就放在飼料杯前面），趾甲就會因為在磨趾棍上走來走去而磨短，修剪的頻率就可以不用這麼頻繁。

磨趾棲木

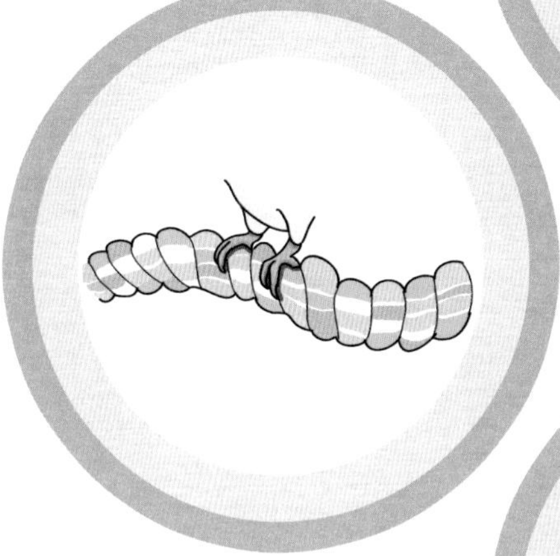

棉繩棲木

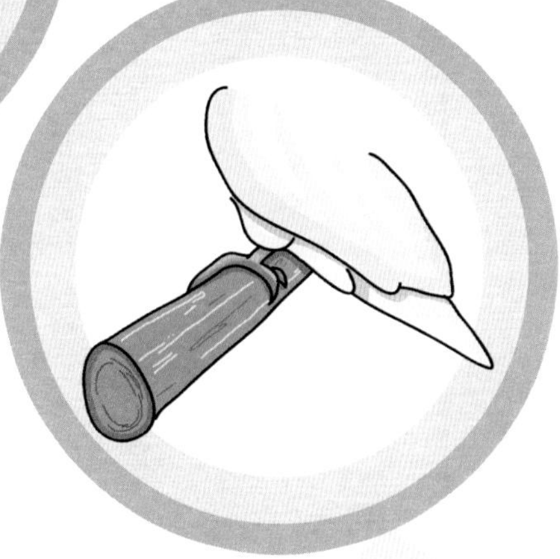

木頭棲木

總而言之，剪趾甲畢竟是動態的動作，很難用文字來敘述，若上述的步驟看不懂，還是不知道怎麼做的話，可以詢問專業獸醫、訓練師，或是請鳥商協助。

需要準備繁殖箱嗎？

當我們在佈置籠子內部「傢俱」的時候，很多人都會想到說「啊鸚鵡是要在哪裡睡覺？」於是就在某個角落塞了一個用乾草做成碗公形的鳥巢，認為鸚鵡是「鳥類」，「理應」需要一個鳥巢在裡面睡覺、孵蛋，對不起，請容許我再輕輕地翻個華麗的白眼。鳥類有非常非常多種類，有地棲性、水棲性……，跟寶可夢一樣分類非常複雜，想當然牠們的生活型態一定都不同，例如大部分的雁鴨是築巢在地上，但鴛鴦偏偏跟鸚鵡一樣喜歡在樹洞裡。這時候小明舉手說話了：「老師，所以你的意思是說，我們要準備繁殖箱來讓鸚鵡進去睡覺囉？」NO、NO、NO、NO～不需要，這世界上的動物，像人類這樣要躺著睡的並不多，只要在籠子內準備多元又舒適的站棍，鸚鵡自然會挑選一個牠喜歡的地方蹲著睡覺，這對牠來說就已經是很舒適的感覺了，不需要繁殖箱，牠進去也不會躺著睡好嗎。

但這邊要來個溫馨小提醒，亞成鳥偶爾會躺在籠底睡覺，看起來很像暴斃死在路邊的樣子。但我相信縱使已經告訴大家了，遇到的時候還是會被嚇掉半條命吧，我每次遇到都還是會扶一下心臟，衝過去才發現牠還活著，依舊躺著，然後睡眼惺忪地稍微瞄我一眼……

放心～ 😊 牠只是睡著了而已……

再來就是另一個層面的問題，到底要不要放繁殖箱，讓鸚鵡進去生小孩？時常聽到飼主會認為「有爽過、有生過，牠的一生才完整」，這對我來說真的太一廂情願。我們可能聽許多生過孩子的媽媽提過，所以知道「生小孩很痛」，但因為你的寵物不會告訴你牠會很痛，就覺得牠應該要去生小孩。我反對任何寵物的自家繁殖，尤其是鸚鵡。鸚鵡在準備配對時，你能確定這兩隻鳥沒有血緣關係嗎？在這過程中，兩隻鳥就會被關在一個安靜的地方培養感情，盡量不能有人或其他因素去干擾，所以環境就不太可能像寵物鳥一樣時常清潔；懷孕了也不會有人知道，牠們會繼續關在裡面；直到有一天，maybe從巢箱攝影機影像中看到，喔～生蛋了！為了防止因為受到干擾而棄巢，牠們會繼續被關在裡面；幼鳥孵化出來，親鳥忙著照顧幼鳥，有一天幼鳥就會被人類帶走，牠們的生活就日復一日，繼續被關在同一個地方。生出來的幼鳥要分送還是轉賣，又是另一個層面的問題，談都談不完。而且就目前觀察到一般民眾的飼養條件，營養提供的也不夠健全，這樣的繁殖條件，只會造成親鳥的身體越來越脆弱而已，所以真的請想讓寵物繁殖的各位朋友三思啊。

思考與練習

我必須說，人類的欲望很深層，縱使我特地拉了一個章節出來，希望大家能減少沒必要的繁殖，但一定還是有人想玩繁殖鳥的。那就請將上述繁殖鳥會遇到的狀況減到最少吧！思考看看你能為繁殖鳥做些什麼？讓牠們在漫長的懷孕期中，如何開心、快樂地生活在這小小的籠子裡。

食物控制可不等於餓肚子

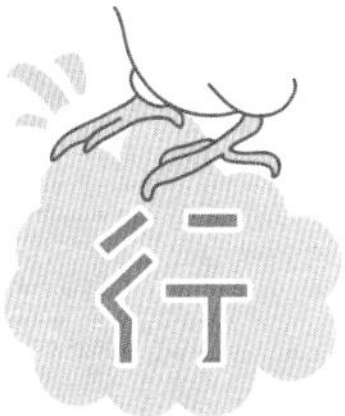

其實我一向都很擔心，大家會把食物控制這件事跟虐待劃上等號，會認為是要去餓鸚鵡，鸚鵡才會聽話等等。我必須強調的是，食物控制有它的必然性，例如健康因素、環境整潔、省錢、增加行為動機等，都是建立在食物控制的因素上。會產生飢餓感，只是在增加行為動機的其中一個項度，並不是絕對，因為如果一隻鸚鵡已經全心全意地愛你了，你大可不必食物控制。除了行為不會走針，你也會發現牠們每天固定會吃的量就那些，所以也不會胖到哪裡去，而且鸚鵡不像金魚或是拉不拉多犬，有多少吃多少然後無止境發胖，會發胖的鸚鵡大多是挑食，吃過多高熱量穀物造成的。我觀察一般民眾養鳥的習慣，就是把飼料杯放滿，水加滿，好一點的每天會換，沒有每天換的就……嗯哼，你知道的。

大多數陸上動物的身體會有百分之七十是水分，所以生物就是需要喝水，這個不需要解釋，頂多會有某些動物可以比較長時間不喝水，但不代表牠們不需要，所以陸上動物就是要喝水，請不要省。鸚鵡一天所需的食物總量，這是從遠古前輩一直流傳至今的法則「體重的百分之十」，但我必須強調，這個說法其實有漏洞，因為同樣公斤數的葵瓜子和滋養丸，熱量跟營養成分就會不一樣，所以我通常都會建議飼主要比百分之十再多給一點，因為定義所有食物該給的份量並不容易，而那些資訊換成獸醫或營養師所使用的公式會很複雜，對一般飼主來說也會太困難。

我這邊給一個最直接的建議，就是每天量體重，你一定可以調整到一個平衡，就是鳥絕對乖巧，食物也會剛好吃完的量，那就對了。例如，藍黃琉璃金剛鸚鵡的平均體重大約是一千一百公克左右，假設說不定體重九百五十公克就會讓某隻藍黃琉璃金鋼鸚鵡呈現穩定的狀況，不會過胖，也假設一天二十公克的滋養丸就能維持這樣的體重，那麼對這隻藍黃琉璃金鋼鸚鵡來說，標準的食物量就是二十公克滋養丸，標準體重九百五十公克，藉由每天量體重再去判斷今天的滋養丸要多給一點還是少給一點（蔬菜、水果可以視狀況另外計算）。若在控制中的食物量跟體重，只要吃了食物就會飽，時間到了就肚子餓，對食物會有動機，自然對人就會產生需求，這不就跟人類平常的狀態一樣嗎！我們人類早上六點起床吃早餐，大約十一點多就會肚子餓，十二點吃中餐，下午五點多會肚子餓，傍晚六點吃晚餐，晚上十點準備睡覺，如果沒有特殊節日，我們人類也很少會在某一餐吃特別飽，肚子太撐然後吃不了下一餐對吧，所以我們應該也把這樣的飲食習慣，來對照所謂的食物控制，這樣你就能

明白，動物不是刻意去餓牠才會聽人話，而是計算好需求，製造動機讓鸚鵡來主動親近人類，這樣才是食物控制希望達到的目標。

思考與練習

思考看看，如何在無法上手的情況下，讓鸚鵡也能量體重呢？

____

____

____

小提醒

食物控制只能用在健康的成鳥，幼鳥就是每天吃飽睡、睡飽吃即可，而且幼鳥在成長期，體重是每天都要成長的，營養不良會影響健康，所以幼鳥切記不可以食物控制；再來，有些剛買回來的成鳥，可能有問題行為需要訓練，但請給牠一點時間，先讓牠每天吃飽、睡好，習慣環境，大約一個禮拜後再進行訓練，會比較不緊迫。若家中有很多隻鸚鵡，要做比較嚴謹的食物控制的話，就會建議分籠飼養，因為才好方便量體重，以及明確計算這隻鳥吃了多少的量。

提升人鳥關係——上手訓練

在我的訊息資料夾問題當中，熱搜排行榜No. 1，永遠都是最惱人的鸚鵡咬人問題，煩惱到我必須得直接拍一支教學影片來教大家該怎麼辦，因為步驟真的太繁瑣了，我每次光回文字訊息都打字打到要吐血，極度厭世。而上手訓練可以解決很多很多問題，只要是跟人不親近、有攻擊行為、服從度低，都可以用上手訓練達到人跟鸚鵡相處上的進階。

我會將上手訓練大致拆解成七個步驟，各位讀者也可以依照前面所說的訓練邏輯，拆解成更細的步驟，說不定會更適合你或是適合你的鸚鵡。步驟與步驟之間，一定是此步驟穩定了，才會往下一步驟練習，若到下一步驟發現狀況又變得不穩定，就請回到上一步驟再練習並觀察個幾天。練習期間，也不適合讓鸚鵡出籠自由自在到處玩，因為還不會上手，不回籠就會有抓鳥的問題，原本已經對你的手建立了信心，抓鳥的那個過程就會破壞這個信任。最後切記，本階段訓練只適合成鳥，雛鳥就是每天跟牠玩就會上手了好嗎。

❶ 食物控制（請參閱頁115）。假設一天要給的量是二十公克的葵瓜子還有一片蘋果，訓練期間就是給予固定的份量，依照食物控制方法的標準，或是訓練表現狀況去做食物量的增減。以下步驟，皆會延續這個假設的量。

❷ 將食物丟進食物杯中。這個步驟，主要是針對某些看到人就像見到鬼一樣的鸚鵡，會定格不動，或是會縮到最遠的角落，又或是見到人直接嚇瘋了慘叫的鸚鵡，這個步驟就很重要。藉由食物杯跟人的距離，還有人手投遞食物進去食物杯的動作，讓鸚鵡瞭解人靠近，然後人手會丟好東西進來。我們想像一下，假如你家外面來了一個巨無霸外星人，你很害怕，但這時候外星人時不時就從窗戶丟黃金、鑽石進你家，我想你除了會把這位外星人當作聖誕老公公，你也會開始期待外星人靠近你家了。

延續步驟一的食物量，我會將葵瓜子分成四等份，蘋果也會再分四等份，一天分四次練習。我會試試看，丟一顆葵瓜子進食物杯中觀察牠吃不吃，理想狀態就是牠會吃，你就接著再丟一顆，直到這一份丟完。練習完一份葵瓜子，丟一份蘋果到食物杯中接著人離開，讓牠安靜好好的享受蘋果。但如果丟一顆葵瓜子牠不願意靠近，那就人先站遠遠的，觀察牠吃不吃，如果還是不吃那人就離開，透過寵物攝影機，或是門縫偷看鸚鵡會不會因為你一離開

就吃，還是多久時間才會吃，只要吃完了，等個十秒，再走進去丟下一顆接著離開，直到丟完，最後給蘋果，人離開讓牠放鬆享用，這一回合結束。為什麼要吃完後再等十秒，不能立刻進去？想像一下，你就是很害怕外星人靠近，雖然外星人會丟黃金、鑽石進你家，但只要你一靠近黃金、鑽石，外星人就往你家衝過來，你是不是會嚇死 again？下次再拿黃金、鑽石的時候壓力就會很大，鸚鵡也是一樣，既然牠很害怕人類，那就多點耐心執行。以上食物跟練習次數只是舉例，可以依照讀者個人方便的時段，還有鸚鵡喜歡的食物來做個別的調整與安排。

❸

只要步驟二練習得很穩定，就可以進入到步驟三，隔著籠子直接拿食物，讓鸚鵡用嘴巴接，若是小型鸚鵡吃的飼料太小，可以用棉花棒等棒狀物黏食物餵食也是一樣的效果，但若鸚鵡會害怕棉花棒的話，可以退回第二步驟，將沾有飼料的棉花棒放到杯中人離開。隔著籠子主要是保護訓練者的安全，防止被攻擊；若是站架飼養的鸚鵡，可以從鸚鵡的表情、動作來觀察牠的狀態會不會攻擊你（請參閱頁47），或是給食物的距離，可以在離牠的站架與腳鍊最遠，但又可以接到食物的距離遞給牠。由於這個階段的鸚鵡狀態比較不穩定，所以要小心被咬到，使用葵瓜子練習的話，可以捏著瓜子殼的尖端，用最遠的距離拿給鸚鵡；又或是如果你的鸚鵡很膽小，可以維持鳥跟人之間有杯子的距離，讓牠以為你要丟進杯子了，但遲遲不丟，隔著杯子讓鸚鵡產生距離的安全感，會比較有機會自己學會靠近你的手並將你手中的葵瓜子咬走。如果在練習的過程中，鸚鵡有攻擊性的動作，我們就要觀察這個嚴重程度，例如一邊吃，眼神卻是瞳孔不斷縮放，那我就會觀察牠的吃的意願度高不高，高的話就繼續沒關係，但意願

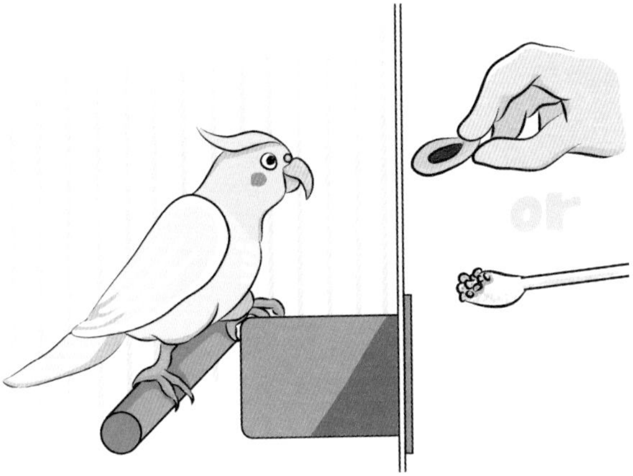

度不穩定，會有撞籠子或是偷襲咬人的話，我就會終止這一次的練習，這一份剩下的食物也會丟掉，不納入下一次練習的量。這就有點像外星人準備丟黃金、鑽石進你家時，你卻拿著大砲轟向外星人，外星人一氣之下把黃金、鑽石全部收回，什麼也不給你。同樣的，藉此讓鸚鵡知道撞籠子、偷襲咬人，就得不到好吃的葵花子和蘋果。只要鸚鵡能穩定的吃完這一份葵瓜子，一樣一份蘋果丟進食物杯中離開，讓鸚鵡安靜享受蘋果的滋味。

4

通常步驟三練習得穩定了，鸚鵡對人手的警戒度也會低很多，這時候就可以以一樣的動作，但是將籠子門打開，捏著瓜子殼的尖端，直接伸手進籠子遞給鸚鵡吃。這個動作主要是確保一樣的動作，但距離變近了，鸚鵡會不會有攻擊的行為，若感

覺鸚鵡的狀態又變得不是很穩定，回到步驟三繼續練習；若是站架飼養的鸚鵡，就可以不用拉到最遠的距離，讓牠以舒服的姿勢進食，或視狀況直接跳到步驟五。一份練習完，給予一份蘋果丟進食物杯中，人離開讓牠安靜享用蘋果。

5

籠子門打開，將一份的葵瓜子放在掌心再往前推一點到手指處，讓人的手變成鸚鵡的碗，讓牠把葵瓜子吃完，手的位置切記要高一點不要太低，讓鸚鵡有點墊腳的狀態吃，不然牠們很容易會站上去。這個動作是要讓鸚鵡對整個手掌減敏，練習得越穩定，食物就要越往掌心移動，也可以在餵食的過程中緩慢地將手指往掌心曲，偶爾變換一下動作也是個不錯的策略。一份

練習完，給予一份蘋果丟進食物杯中，人離開讓牠安靜享用蘋果。

但如果在快吃完的時候，鸚鵡突然咬人了，那就是關上籠門直接離開，不要給蘋果，視狀況中斷當天下一次的練習；或是牠總是在最後一刻，吃到剩葵瓜子碎屑的時候就會忍不住偷咬你一下，那我就會在牠犯錯之前，先拿蘋果給牠看，分散牠準備咬人的注意力；或是在牠犯錯之前，先把剩下的葵瓜子碎屑以及蘋果丟進杯子讓牠自己吃，減少犯錯就是增加做對的機會。

6 一樣讓人手變成鸚鵡的碗，將一份葵瓜子放在掌心，籠子門打開，手伸進籠子裡，手掌高度要比步驟五低一點，大約在鸚鵡下腹部的位置，略高於站架，讓牠只要往前一踩就能上手的高度（上手姿勢的原則請參閱頁129）；有些鸚鵡可能會一隻腳在人手上，一隻腳抓著站架，這沒關係就讓牠安心的吃完，下一次的練習，人手就可以稍微遠一點，讓牠自願往前走上手掌，吃完後依照下手姿勢的原則（請參閱頁130）將鸚鵡放回站架上。過程中若有咬人的情況，處理方式比照步驟五。練習完一份，給予一份蘋果丟進食物杯中，人離開讓牠安靜享用蘋果。

7

一樣讓人手變成鸚鵡的碗，將一份的葵瓜子放在掌心，籠子門打開，手伸進籠子裡，接鸚鵡上手後，將手移出籠外餵食，不要離開籠子太遠，鸚鵡吃完掌心的葵瓜子，就是回籠，然後給蘋果，人離開；若是站架飼養的鸚鵡，可以將站架端的腳鍊解開，帶著鸚鵡跨離站架大約一步的距離練習，吃完掌心的葵瓜子就回站架吃蘋果。隨著練習的熟練度，可以增加距離。有時候也可以讓鸚鵡在不同的位置練習上

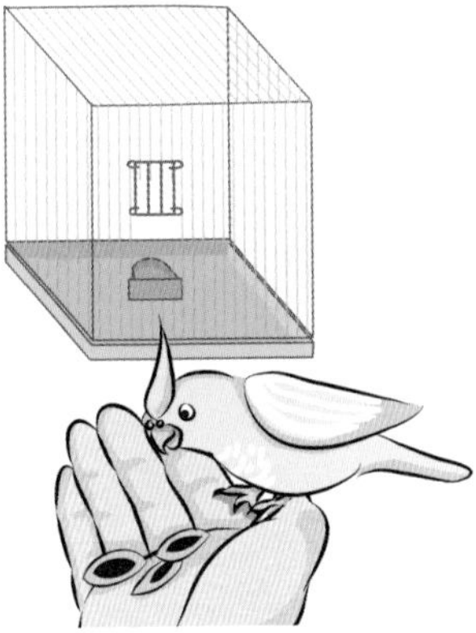

手，例如在桌子上丟點葵瓜子，讓牠去探索，吃完桌上的葵瓜子就上手，只要家裡環境都熟悉了，在家中帶出籠的互動就不會太困難。

以上介紹的就是訓練上手的七個步驟，請讀者們確實練習。但過程中有些人就是手很賤，想要偷摸鸚鵡的身體各部位，這是大忌哦！因為對鳥類來說，只要是從背後，或是上方出現的東西就是天敵，人類又很愛把鸚鵡當狗在摸，摸頭頂或是摸背的，被咬當然是你活該囉，所以請不要沒事去摸牠們。除非上手步驟訓練得很確實，鸚鵡對你的信任度非常高了，再試著從嘴角的位置（正面）開始摸，慢慢減敏，最後延伸可以摸到身體的任何部位（請參閱頁147）。

思考與練習

由於訓練上手，其實就是讓鸚鵡對人類或是對人手減敏，因此時間可能會非常漫長，如果上班作息的關係，會有很長的時間沒辦法訓練鸚鵡，要如何安排自己跟鸚鵡的練習時間呢？

上手姿勢

請想像一下，如果你是站著並挺著胸，頭、眼、脖子都不能往下看的情況，上階梯與下階梯這兩個動作，哪一個會讓你覺得比較有安全感？我想應該是上階梯吧！因為在不能往下看的情況，就無法預測接下來往下的階梯有多深，所以會感到有點危險；而向上的階梯，縱使無法低頭看，只要往前踢一踢，就可以知道接下來的階梯有多高，比較不容易跌倒。讓鸚鵡上下手也是一樣，我們可以將食指放在牠的腹部，若是安全無攻擊性的鸚鵡，但可能因為跟你不熟而沒有反應，這時候可以輕輕地碰牠肚子，或是另一

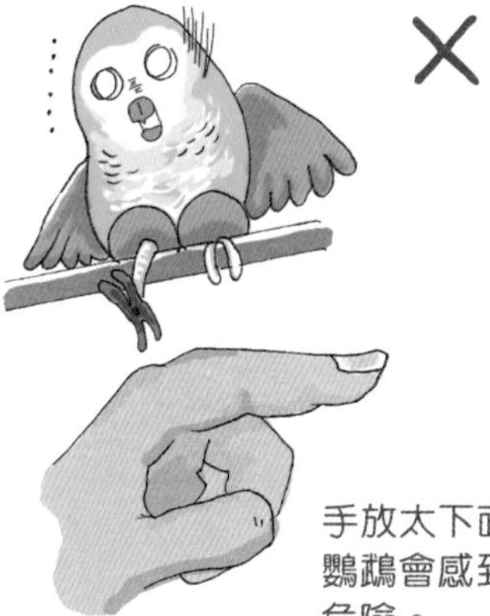
手放太下面，鸚鵡會感到危險。

手略高於站架，讓鸚鵡有上樓梯的感覺。

隻手直接遠遠的讓牠看到有好多食物，只要牠往前踩一步，基本上就上手了。上手之後拇指輕輕按壓牠的腳趾，同時另一隻手能的話多給牠一點吃的食物與口頭獎勵，分散被壓腳的奇怪感覺。如果是大型鸚鵡，就會用到四根手指撐住重量，但姿勢是一樣的，接著用大拇指壓腳，並同時給予大量的食物及口頭獎勵。

下手姿勢

剛剛提到，上手的時候，讓鸚鵡有種踩上階梯的感覺會比較穩，那下手也是一樣，我們也是讓牠有往上踩上站架，或是平行的角度為主。

● 方法一：我們將帶鸚鵡的那隻手，由前往後繞至站架，然後讓鸚鵡往上踩就可以上站架，另一隻手就可以在鸚鵡的嘴邊給食物與口頭獎勵。

手由前往後繞至站架
讓鸚鵡往上踩上站架

●方法二：不管大、中、小型鸚鵡，由於上手就在食指的位置，若要從站架的前面將鸚鵡放上站架，可以透過手腕往前的轉動，讓鸚鵡有種重心往前的感覺，自然就會踩上站架，並同時給予食物與口頭獎勵。

運用手腕的旋轉

思考與練習

為什麼鸚鵡看到人手就會做出攻擊的動作？會不會是上下手動作不確實？或是飼主太害怕被鸚鵡攻擊，上手動作總是揮來揮去的？這些都會造成鸚鵡對人手的不信任哦，你是不是也犯了這些小錯誤呢？

喔～不！鳥寶又咬人了！

不曉得大家身邊有沒有一些人，外表清新脫俗，不食人間煙火，實際上，內心惡毒又腹黑，善用心機處理人際關係，沒錯，就是俗稱的綠茶婊。鸚鵡界也很常會有一群可惡的綠茶婊，外表長得可愛，溫順愛討摸摸，但實際上都在我們意志力鬆懈的情況下，會用殺死人的力道把你給咬傷。這時候飼主被咬得很委屈，簡直是無語問蒼天，啊～剛剛……到底為什麼會這樣呢。

1. 是否確實讀懂鸚鵡的情緒：就像之前章節提到的，要隨時觀察鸚鵡的瞳孔有沒有不停地縮放，縱使牠目前是頭低低，呈現給你摸的狀態，但還是必須留意，尤其是跟自己不熟的巴丹鸚鵡，因為巴丹鸚鵡個性瘋瘋癲癲、陰晴不定，然後整顆眼珠又都黑溜溜的，不容易觀察目前情緒起伏狀況，必須格外留意。

2

護巢性：其實野生動物多多少少都有護巢的行為，但這邊我們要討論的巢並不是真正的鳥巢，而是整個籠子的範圍。我自己比較有輔導經驗的品種就是金太陽錐尾鸚鵡以及牡丹鸚鵡。金太陽的動機比較是在區分你我，「這邊是我的家人，你是陌生人」，而且都會斜斜地掛在戰鬥位置叫囂，蓄勢待發要飛過來撞人，還挺霸道的；牡丹鸚鵡就顯得是個小俗辣，會在籠子內，或是籠子外附近跑來跑去、跺腳、亂叫，刷存在感，表示「這邊是我家你給我離開」。

遇到這種狀況，要先釐清牠在遠離籠子後，是否還有一樣的攻擊行為。如果牠本身就是一隻跟人不親近的鸚鵡，遠離籠子後是不會有什麼改變的，因此，上手訓練（請參閱頁119）就會是相當基本款要訓練的課程；如

思考與練習

你也有被鸚鵡偷襲咬傷的困擾嗎？這種咬人比較是需要觀察鸚鵡的情緒，從今天起跟鸚鵡相處時，思考看看牠在想些什麼吧！

果牠本身是跟人類會親近，或會上手的鸚鵡，但只限定在籠子附近才有攻擊性行為，那加強訓練上手的方式，對我來說也可以讓牠學會「不可以有這樣的行為」，但我認為這時候訓練上手並不是絕對性的必要，若使用其他用具替代上手帶牠進出籠，也不外乎是個不錯的對應策略呢（假設牠願意上木棍的話）。

最後想再提醒一下，有太多太多飼主會把鸚鵡當狗養，沒事就給人家從頭或背摸過去，但對鳥類來說這是個威脅性極大的動作。這隻鸚鵡能親近你，但不代表你們之間很熟，給人家亂摸而被咬真的只是剛好而已。

大家來猜看看，這隻灰鸚鵡勇傭，脖子微微地澎毛，但頭頂跟身體的毛是緊貼著的，牠到底在想些什麼呢？

其實鳥寶只是想跟你玩——非攻擊性咬人

在眾多鸚鵡咬人問題海當中，會有百分之七十與攻擊人類無關，而是鸚鵡在用鳥喙跟人類互動的過程中，沒有控制好力道導致人類疼痛，或是受傷的情況。每次遇到這類型的問題，我都覺得真愛無敵，飼主明明超痛，但又很開心鸚鵡願意跟自己互動：「鸚鵡在咬我，又好像在玩我的手指耶，我的手指好痛喔，馬克老師你看都瘀青了（還附上照片），牠這樣咬我好痛，我該怎麼辦？」怎麼辦？很痛就把手拿開啊奇怪耶你。大家要做好動物訓練，就必須要有很強大換位思考的能力，就以鸚鵡啃咬人手指的例子，你的手指不是你的手指，是鸚鵡的玩具肉棍，你沒有發出聲音反抗，告訴鸚鵡你會痛，在那邊忍耐，啊牠是要怎麼知道不行咬「這根」，你說是不是！

指導方式有兩個方向，交換以及控制力道，但這兩個方法並不是二選一，比較像是漸進的過程：

1

交換：這是一個結合兩招的綜合攻略，先利用聲音制止咬人手指的行為產生正處罰後，立刻正增強，給予可以咬的東西（假設是筆桿）讓鸚鵡咬個爽，並稱讚牠咬筆桿的行為，讓鸚鵡有機會思考「咬筆桿比較好玩，而且主人比較喜歡我咬筆桿的樣子，所以能選擇的話，選擇咬筆桿」。

2 控制力道：前面的交換法有點像是學習選擇咬的東西，而控制力道比較需要鸚鵡自己有辦法思考「如何運用力道」這件事。鸚鵡站在人手上，其實我們不一定會隨身攜帶什麼東西可以給鸚鵡交換去咬，啃手還是蠻直接會遇到的狀況，所以讓鸚鵡學習如何控制力道還是很重要的。通常這時候會比較運用到正處罰的方式，透過發出很痛感覺的聲音，例如我在影片中示範的「啊！啊！啊！」的聲音，因為鸚鵡不是故意要攻擊你的，所以當你發出這樣奇怪的聲音，讓牠停止了目前的動作，可以稱讚牠的停止；或是利用轉動手的方式迴避牠的嘴巴，也可以順勢把牠推開，如果鸚鵡依然死追著你的手要啃咬，你可以選擇離開，停止互動。確切要多久才能訓練成功我沒有標準答案，因為黑瓜也是突然有一天就咬人不痛了，我甚至還因為這樣不斷地稱讚牠輕輕咬人這件事，或是在一次因為在指令下大便，我讓啃手遊戲變成一個獎勵的增強物。

從以上兩點我們可以知道，訓練非攻擊性咬人是一個漸進的過程，甚至在順

勢指導之下，也可以成為一個增強用的啃手遊戲。

有些人會擔心，習慣玩啃手遊戲，是不是會引起未來咬人手的風險？但我想說的是，啃咬遊戲並不是蓄意要攻擊人，所以被鼓勵並增強的是好的行為；而真正會導致人有危險的攻擊行為，原因有很多很多種，必須看當下的情況來做指導，我們不能單就一個啃手的行為，來去推斷攻擊行為鐵定會發生。

另外，真的有太多飼主，不知道聽到哪裡來的都市傳說「被鸚鵡咬的時候，再怎麼痛都要忍耐不要抽手」，我只能說這個傳說只對了一半，通常動物會攻擊人一定是有原因的，而且幾乎是忍無可忍的最後一步。不能抽手的意思是指，當我們遭受到鸚鵡的「攻擊」行為，我們抽手了就等於讓牠知道牠的攻擊行為會讓我們退後，或是遠離牠，牠的焦慮就會減少，牠就被正增強了，往後你再靠近牠，當牠的壓力升高就一樣會用攻擊的動作驅趕你；但如果鸚鵡是在跟你玩，你超痛的，那你為什麼要忍耐？請指導牠用正確的方式跟你互動，讓牠學會控制力道。因此分辨出鸚鵡的動機很重要，一味的忍耐只會讓你的傷口越來越深而已。透過分析及適當地練習，讓鸚鵡安全又爽快地啃玩你的手吧，這也會是一個很棒的培養感情的方法唷！

思考與練習

非攻擊性咬人真的非常困擾大家，因為既是錯，又不是錯，所以指導鸚鵡怎麼跟你互動就很重要了，但這訓練都是需要持續到牠懂的那一天，每隻鳥資質不同，不知道會是什麼時候，所以從今天起就好好地指導牠吧！早一天是一天啊！

哎唷喂～好可怕！減敏訓練讓鳥寶不再怕怕

所謂的減敏，就是減除過度的敏感。但由於鳥類本來就算挺敏感的動物，不管是人類靠近，還是天空上有其他東西在飛，或是遠方有人搬東西經過，都可能讓鳥驚慌失措想要逃跑。例如以前我們在表演中看到有蝴蝶路過，還是遠方兩百公尺外，公務部大哥搬梯子經過，咱們家的某隻藍頭錐尾鸚鵡牌警報器，就會像看到鬼一樣的大叫，然後全場十幾隻金剛鸚鵡明明不知道發生什麼事情也要跟著一起大叫，我耳朵好痛也好想翻白眼但我不行！因為我是個專業的演員，我還在舞台上I can't! You know～所以在訓練鸚鵡，有時候光要減除鸚鵡對某個道具的恐懼，可能就會花上不少的時間，因此減敏訓練就會像是一場馬拉松似的漫長耐力比賽。飼主會遇到需要做減敏的狀況其實很生活化，我會分成「小威脅」與「大威脅」兩個項度做說明。

1 小威脅：通常是比較小的東西，所以伴隨的威脅性比較小，或不太會動的東西，例如掛在籠子內的玩具。常常會有飼主跟我說：「我家的鸚鵡都不敢靠近玩具，牠應該很害怕吧，所以我就把玩具拿出來了。」真的是不用～不用～（搖手指），你只要繼續放著，牠總有一天會發現，這個玩具在那邊好像也不會怎麼樣啊，有可能因為不小心經過，跟玩具擦身而過然後就發現好玩耶，自然就會玩了。當然也可以利用「大威脅」的訓練技巧，製造鸚鵡與該物品正向接觸的機會，只是因為威脅真的比較小，鸚鵡的反應好像也不會太大，所以可以不需要這麼辛苦，就讓鸚鵡自己去探索吧。

就好像你房間某個角落多出了一隻鬼，你超級無敵害怕的，但你也只能住這裡，所以每天只好跟這隻鬼相處。但有一天你發現，那隻鬼都不會動，也沒有聲音，就像當機一樣每天都在同一個地方定格，你的生活照常，我想你也總有一天會習慣那隻鬼就在你房間。有一天，你不小心經過碰到那隻鬼，結果鬼身上飛出來一張一千元鈔票，只要你每碰鬼一下，都會有錢飛出來，從此你應該會很愛那隻鬼吧，甚至會希望多來幾隻！

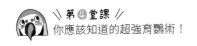

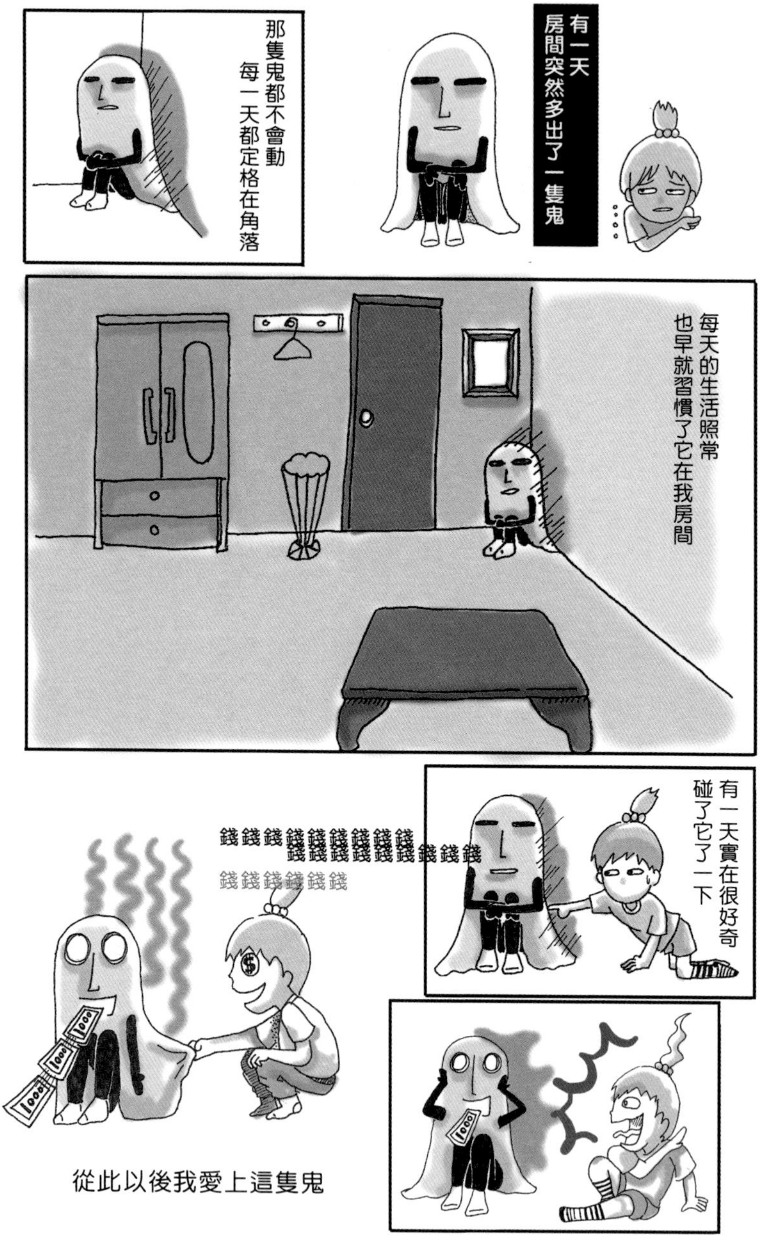
有一天
房間突然多出了一隻鬼
那隻鬼都不會動
每一天都定格在角落
每天的生活照常
也早就習慣了它在我房間
有一天實在很好奇
碰了它了一下
錢錢錢錢錢錢錢錢錢
錢錢錢錢錢錢錢錢錢
錢錢錢錢錢錢
從此以後我愛上這隻鬼

2

大威脅：通常是體積較大的東西，會動，或會跟鸚鵡直接接觸到的，例如：腳鍊、運輸籠。訓練方法其實很簡單，大家應該都聽過《糖果屋》這個童話故事吧！哥哥帶著妹妹出門，為了怕在森林裡迷路，所以把手上的麵包當作指標，每走幾步就丟一小塊麵包做記號。我小時候就覺得這個哥哥超級無敵蠢，我沒住過森林，但我很確定森林裡感覺就會有螞蟻或是鳥什麼之類的動物，怎麼會丟吃的東西做路標呢？馬上就會被這些動物吃掉好嗎。然後我們今天就要用這個方式來訓練鸚鵡！（話鋒一轉轉得真硬～）

以運輸籠為例，先替鸚鵡做幾天的食物控制（請參閱頁115），讓牠對你跟食物都比較有反應。訓練的食物量，取當天食物量的一部分即可，本次以葵瓜子做舉例。找一個安全的空間，一張空的桌子，將運輸籠放在桌子某個最遠的角落，並將開口朝著鸚鵡的方向，鸚鵡則在另一個對角的角落。接著在鸚鵡與運輸籠之間距離的直線上，擺上一顆一顆的葵瓜子，只要鸚鵡吃了葵瓜子就請用娃娃音稱讚牠，鸚鵡也會因為吃葵瓜子而一步一步往運輸籠靠近。通常這時候就會發現，鸚鵡會因為逐漸靠近運輸籠，威脅感越來越大，就會在某個距離停下來了，這時候沒有關係，可以改用手餵食吸引鸚鵡，鼓勵牠繼續往前，如果真的已經到牠當天的極限，那就給鸚鵡多一點的稱讚，

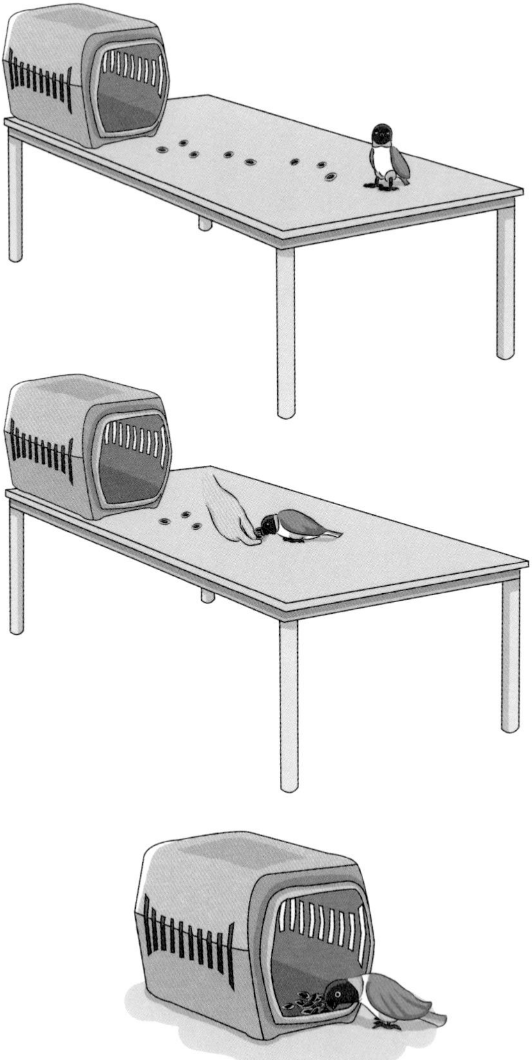

今天的訓練就結束，讓鸚鵡回籠，並給牠吃喜歡的東西做為當天的結束。由於前一天停下來的那個點，是鸚鵡面對運輸籠壓力點最大的位置，因此隔天請從牠前一天停下來的位置再退一點點的距離開始擺葵瓜子，一樣讓牠逐漸往運輸籠靠近，方法如前一天。

某一天，牠會很靠近運輸籠的開口，記得在牠逐漸靠近的時候，在牠面前往運輸籠裡丟葵瓜子，並在運輸籠開口處內側多放一點葵瓜子，讓鸚鵡可以自主將頭伸進去運輸籠內吃葵瓜子，接著目標就是要牠願意自己走進去運輸籠。多練習幾天，並增加關門，以及稍微提起來，提起來走一下等逐步的動作，鸚鵡很快就會適應這個運輸籠了。

若運輸籠的開口是在上方，運輸籠則可以倒著放，引導鸚鵡自主走進去。當鸚鵡訓練到可以自己進去運輸籠，且比較穩定後，就要訓練將運輸籠立起來轉正，引導鸚鵡能自己爬進去，以及人的手帶牠進去，當牠在運輸籠內都能

小提醒

如果我們把「超喜歡的東西」與「恐懼的東西」分別置於一條直線兩邊的極端，那減敏的目標，就是要讓鸚鵡對東西的恐懼，慢慢地引導往喜歡的方向靠近。但說真的，要從超級恐懼，引導變成超級喜歡，是有點不太可能的。這就好像某個超級害怕蟑螂的人，我頂多對他用很多很多的正向訓練，讓他沒這麼害怕蟑螂，大概就是看到蟑螂不會驚慌失措、能夠冷靜面對的中性情緒，但要我進一步地讓這個人喜歡上蟑螂，把蟑螂握在手心當中，並放在臉旁邊替蟑螂抓抓頭、搔搔癢，簡直是不太可能的。所以減敏的目標，至少是讓鸚鵡恐懼的心理狀態，慢慢地移動到直線的中間即可，也就是「不喜歡也不討厭」的中性情緒，能的話讓鸚鵡的心理狀態往喜歡的方向多一點點就好，不必強求到讓牠變得超級喜歡，就好像蟑螂的例子，我們可以變得冷靜面對蟑螂，但不需要愛蟑螂愛到替牠抓抓頭。

思考與練習

減敏的範疇很廣，思考看看，還有哪些東西是未來在生活中，會需要使用到減敏法的呢？

自在以及不害怕，接著再訓練關上運輸籠、提起來，以及提起來走等步驟。不太建議牠進去後直接把運輸籠立起來轉正，這樣對鸚鵡來說空間感的搖晃太大，可能前面的訓練就會功虧一簣。除非你的鸚鵡本身膽子很大，進度很快，不然整個減敏訓練的過程，重點就是「慢慢來」，並讓鸚鵡能自己去探索，自己去完成。

好想摸摸鳥寶！該怎麼做？

一般人看到眼前有一隻看似乖巧的狗，通常就會飛過去，摸狗狗的頭頂，捏牠的臉，搓揉狗狗的身體，如果狗狗這時有點 high，把肚子翻過來扭來扭去的話，就更加強了民眾看到狗就是要摸透透的心理。有一天，當這位民眾開始飼養鸚鵡，宛如嬰兒般的呵護，從幼鳥開始餵奶長大，直到有一天，幼鳥長大了，開始有自己的想法，拒絕飼主這樣無止盡的亂摸，甚至會以攻擊來阻止飼主的行為，飼主就會很挫折，開始來找我哭夭那ㄟ安捏啦……

我還是想強調一下，鸚鵡就是野生動物，大家不要把飼養狗的習慣帶到鸚鵡身上，因為鸚鵡就不是狗啊！什麼鸚鵡覺得自己地位比較高啦～要從小飼養啦～為什麼不給摸啦～這些通通都是對於狗的既定印象，然後硬是套用在鸚鵡身上的鐵證，其中鸚鵡不給摸，應該是這個項度裡面我覺得最嚴重的。

我想請問大家，對於一個不熟的朋友，你會伸手過去掐他的屁股嗎？OK我知道～sometimes有時候還真的會很想啦～但想歸想，我們不會真的掐下去，對吧！但為什麼對待動物就沒辦法忍住你的鹹豬手，還要怪罪鸚鵡生氣呢！這時候班長小美同學舉手講話：「老師，可是我從小飼養牠耶，牠怎麼可以咬我？」哦～小美同學這題問得真好，我們反過來思考，父母養你養到這麼大，難道有一天他們想看你洗澡也是合理的嗎？當然不合理，因為我們有我們的自主感受，鸚鵡也是一樣，牠也有自己的情緒跟喜好，我們不能單就自己的喜好強加諸在鸚鵡身上。那怎麼辦，我們就是普羅大眾，想要有一隻愛被摸摸的鸚鵡該怎麼做呢？簡單來說，你要讓鸚鵡在被摸的時候得到好處！

❶ **從小飼養：**如果有機會從幼鳥餵奶階段開始飼養，一定要把握這個黃金時期，每天只要有時間，都把幼鳥握在手上，餵奶、講話、互動，牠會比較適應被人手握著，也可以順便訓練上手。但還是有可能在長大後的某一刻，突然就會很反抗這樣被握住，不過這還好，因為那只是牠想要脫離親代的一種叛逆期的行為，那就保持在手上餵食即可，然後在牠認真吃東西的時候用手指去偷摸牠的臉，過了叛逆期就會好多了。

❷ **訓練被摸：**但如果是本來沒有被摸習慣的鳥，可以透過上手訓練（請參閱頁119），讓鳥對於人及人手的戒心降低。假設當鳥站在人左手上吃東西的時候，鳥的注意力都在左手掌心，並且很認真地吃，這時候就可以用左手手指偷偷摸牠的肚子；右手手指如果可以翻動食物，也可以偷摸牠的臉頰。當食物快吃完之前，可能感覺牠沒這麼專注在食物了，就要收手別摸，減少鸚鵡反抗或咬人的行為產生，也可以在這時候讓牠回籠，並把剩下的食物丟進食物杯讓牠自己吃完。

3

從正面不要從後面：鳥類對於比自己高的東西戒心都很強，但人類總是習慣摸狗的頭跟背，所以也很習慣把手往鸚鵡的背後伸過去，這時候鸚鵡通常會很焦慮，一直轉頭、嘴巴也會微張，一副就是「你想幹嘛！！！」的表情，甚至也會攻擊伸過來的手，因為這個動作對鸚鵡來說，壓力真的太大了。透過上一步驟的練習，維持你的手都是在牠的正面的情況下摸，非餵食的時候，以臉頰為主先摸，臉頰被摸習慣了才漸漸延伸到摸頭，摸頭漸漸習慣了才往後頸，到這邊差不多就是極限了，除非你的鳥真的很願意被你握在掌心，而且牠當天心情也比較好，才比較有機會往背後，或是摸到其他地方。但說實在的，摸鸚鵡的背通常牠們不太會有開心的感覺，總是扭來扭去的，摸臉、頭頂、後腦杓、後頸，牠們明顯感覺會比較開心，所以就專攻這幾個部位，我認為更能增進你們之間的感情。

1
以臉頰為主
先摸
2
臉頰被摸習慣了才
漸漸延伸到摸頭
3
摸頭漸漸習慣了
才往後頸

4 指令：指令的用意就是要告訴鸚鵡「你想要對牠做什麼？」例如我想要摸黑瓜之前，我就會說「摸摸」，並伸出食指做摳摳的動作，黑瓜就會知道，等等牠有得爽了（咦？這句怎麼怪怪的），牠就會主動跑來給我摸。不只是摸摸，其它項目也都可以配合指令，上手、廁所、上腳鍊、穿脫飛行衣，用指令先讓鸚鵡知道你要對牠幹嘛，讓牠有心理準備，想反抗而產生的攻擊行為自然就會減少了。

思考與練習

在摸鸚鵡之前，思考看看你們真的很熟？很親近了嗎？縱使是從幼鳥開始餵奶長大的鸚鵡，進入叛逆期後，也會很抗拒被人撫摸，你該怎麼度過這段時間呢？

後記

這本書，終～於～完成了～～～！

回首當年，在設立「馬克先生的鸚鵡教室」粉絲團之前，就有出書的想法，因為我在成為鸚鵡訓練師的生命歷程中，就是沒有完整的書本可以參考！只不過，要將腦袋中的資訊彙整成大家需要、想要知道的內容，才是真正的難事。

每每聽到來詢問問題的瓜粉們，喊我一聲「馬克老師」，都讓我有種被套上某種專業人士的光環，但老實說，我認為「訓練師」只不過是經驗豐富的飼主罷了。因為在我們的職場中，有很多很多的鸚鵡可以照顧，所以我們更有機會可以觀察出鸚鵡不同的細節、不同的喜好，透過更深入地瞭解鸚鵡，營造出符合鸚鵡習性的方法，引導鸚鵡做我們希望牠做到的事情，比起獸醫、鳥類學者的專業，訓練師一點也不神奇，只是專業人士中的小小咖而已。因此，這本書是透過這些年來，不斷與成千上萬的瓜粉討論出來的問題總集（OK～成千上萬我浮誇），將大家最為煩惱的鸚鵡日常知識彙整成這本書，希望小弟這不才的奇異經歷，可以為各位鳥友分（ㄉㄠ）憂（ㄕㄤˋ）解（ㄧ）勞（ㄅㄧˇ）（啾咪～）（手比愛心），希望大家會喜歡這本書囉♥。

MEMO

MEMO

MEMO

MEMO

MEMO

■ 國家圖書館出版品預行編目(CIP)資料

馬克先生的鸚鵡教室 / 馬克先生著 ; 羅小酸繪.
一 初版. 一 高雄市 : 藍海文化, 2020.10
面 ; 公分
ISBN 978-986-6432-95-8(平裝)

1.鸚鵡 2.寵物飼養

437.794 100018476

馬克先生的鸚鵡教室

初版一刷．2020年10月

著者	馬克先生
繪者	羅小酸
責任編輯	林瑜璇
封面設計	羅小酸
發行人	楊宏文
總編輯	蔡國彬
出版	藍海文化事業股份有限公司
地址	802019高雄市苓雅區五福一路57號2樓之2
電話	07-2265267
傳真	07-2264697
網址	www.liwen.com.tw
電子信箱	liwen@liwen.com.tw
劃撥帳號	41423894
臺北分公司	100003臺北市中正區重慶南路一段57號10樓之12
電話	02-29222396
傳真	02-29220464
法律顧問	林廷隆律師
電話	02-29658212

ISBN 978-986-6432-95-8（平裝）

藍海文化事業股份有限公司
Blue Ocean Educational Service INC

定價：360元